立家规·正家风丛书

立德 立言 立行

【处世之道】

范宸 ◎ 著

中华工商联合出版社

图书在版编目（CIP）数据

立德　立言　立行／范宸著. -- 北京：中华工商
联合出版社，2016.10
（立家规·正家风丛书／和力，范宸主编）
ISBN 978 - 7 - 5158 - 1784 - 2

Ⅰ.①立…　Ⅱ.①范…　Ⅲ.①人生哲学 - 通俗读物
Ⅳ.①B821 - 49

中国版本图书馆 CIP 数据核字（2016）第 232805 号

立德　立言　立行

作　　者：范　宸
责任编辑：吕　莺　张淑娟
封面设计：信宏博
责任审读：李　征
责任印制：迈致红
出版发行：中华工商联合出版社有限责任公司
印　　刷：唐山富达印务有限公司
版　　次：2017 年 1 月第 1 版
印　　次：2022 年 2 月第 2 次印刷
开　　本：787mm×1092mm　1/32
字　　数：122 千字
印　　张：6.75
书　　号：ISBN 978 - 7 - 5158 - 1784 - 2
定　　价：48.00 元

服务热线：010 - 58301130
销售热线：010 - 58302813
地址邮编：北京市西城区西环广场 A 座
　　　　　19 - 20 层，100044
http：//www.chgslcbs.cn
E-mail：cicap1202@sina.com（营销中心）
E-mail：gslzbs@sina.com（总编室）

凡本社图书出现印装质量问
题，请与印务部联系。
联系电话：010 - 58302915

前言

德言行兼修，内与外臻美

立德、立言、立行是一个人修身、立身之本，是一个人事业成败、人生实现自我价值的关键，也是构建和谐社会的必然要求。人们常说："先做人，后做事。"一个人只有做到修身养性、提升自我的道德修养，做到见贤思齐，施惠于人，才可称得上是道德高尚、美言善行的"君子"。而如果人人都以高尚的道德操守自律，行为讲究礼仪，语言注重文明，那么我们的社会无疑将会成为一个和谐的社会、文明的社会、进步的社会。

古往今来，中华民族向来以立德、立言、立行作为人应当遵守的行为操守。《说文解字》如此释"德"："外得于人，内得于己也。"一言以概之，"德"是方向、路径。而"言"、"行"是结果；选择正确，就会出现好的结果，并且言行合宜；选择错误，就会出现坏的结果，也就是言行失范。

由此可见，中华文明的基本精神和价值所在，在很大程

度上就是立德、立言、立行的外化表现，三者相辅相成，互为因果。正所谓：立于德，美于言，成于行。德是行之根，道德良好是行为的内在根据；行是德之形，良好品行是崇高道德的表现形式；礼是德之基，崇尚礼仪是美好德行的外在准则；言是礼之果，文明语言是尚礼重德的结果。

在当今社会，立德、立言、立行是每个人都应该遵守的社会公德，也是社会主义精神文明的具体表现。随着社会的发展与进步，人们的精神需求层次和自我认知价值越来越高，也越来越希望得到理解、受到尊重。在今天，全国践行社会主义核心价值观的当下，立德、立言、立行的要求已不仅仅针对个别人、个别行业、个别社会层次，已成为全民、所有行业，乃至于整个社会的价值追求。

本书从立德、立言、立行三个方面入手，告诉读者如何立德修身，如何让自己的语言文明高雅，如何让自己的行为符合社会礼仪规范。希望广大读者能在阅读本书的过程中得到一些有益的启示，树立积极的世界观、人生观、价值观，成为有道德、懂礼貌、重品行的谦谦君子。

目 录

上篇 立德

中篇　立言

下篇 立行

上篇

立

德

没有诚实，人就不会成功

诚实是中华民族的优良传统，也是衡量一个人品格的重要标志。一个人如果没有诚实的人品，那他就绝对不会成功。

一个外出打工的小伙子，在某市的一家公司找到了一份销售工作。他热情地对待每一位客户，在很短的时间里，就创下了不错的销售业绩，为公司带来了很大的利润。

不幸的是，半年后，这家公司的生意一落千丈，公司根本无法摆脱困境。迫于公司再也难以继续维持现有规模和发放员工工资的局面，老板只好缩小铺面的经营面积，裁减员工，以减少开支，争取早日渡过这一难关。这个小伙子也成了被内定的 20 多名被裁员工中的一员。

在结算工资的那天，老板给每个员工发放了他们各自应

得的工资。这个小伙子一连几次清点自己的工资，却都发现老板多发了50元钱。他想：老板弄错了吧，这50元钱怎么处理呢？要不要还给老板？

他进行了一番激烈的思想斗争。最后，这个小伙子还是找到老板，将多得的50元钱还了回去。因为，他想起了母亲的告诫：无论在哪里打工，都要做个诚实上进的人。

老板将钱拿在手里，对小伙子说："你是公司20多名离职员工中唯一送回这50元钱的员工。如果公司以后的生意好了，我会联络你，到时候你可以再回来上班。"

一年后，小伙子果然接到了老板打来的电话，说公司的生意好起来了，公司需要他这样诚实的员工。于是，小伙子结束了摆地摊的艰辛日子，开始了新生活。

上面这个故事启示我们：诚实能够改变人的命运。李嘉诚在这方面做得非常出色。他不仅靠自己的努力创造了巨大的财富，而且被誉为"诚信商人"。

李嘉诚在创业初期资金极为有限。一次，一位外商希望大量订货，但提出需要富裕的厂商作担保。李嘉诚努力跑了好几天，仍无着落，但他并没有捏造事实，也没有含糊其词，而是把一切向外商据实以告。那位外商深为李嘉诚的诚信所感动，说："从阁下的言谈之中可以看出，你是一位诚实的君子。不必其他厂商作担保了，现在我们就签约吧。"

虽然这是个好机会，但李嘉诚感动之余还是说："先生，蒙你如此信任，我不胜荣幸。但我还是不能和你签约，因为我资金真的有限。"外商听了，极佩服李嘉诚的为人，不但与之签约，还预付了货款。

这笔生意使李嘉诚赚了很可观的一笔钱，为他以后的发展奠定了基础。李嘉诚也由此悟出了"坦诚第一，以诚待人"的处事原则，并获得了巨大的成功。

我们如果不想使自己的良心不安，不想使自己的名誉受到伤害，想做一个堂堂正正的人，我们就不应该说谎。诚实待人是我们做人做事的原则，也是为了我们自己的信誉着想。

在生活中，任何时候都要绝对诚实。谎言，即使是善意的小谎言，也曾使许多人从好不容易攀上的顶峰摔落，使许

多人在追求成功的过程中半途而废。我们如果想要到达成功的顶峰，就绝不能欺骗和说谎。

有这样一个例子：

某名牌大学有一个学习成绩非常优秀的男孩子，他在毕业之前就通过了"托福"和 GRE 考试，被美国的一所大学录取为博士研究生，并且分数高得让那些负责招生的美国教授都吃惊。

到美国学校不久，一天，导师给这个学生分配任务，让他下午 2:00～3:00 在实验室做实验。实验室里有一部电话，可以打美国境内的长途，于是他在 2:00～3:00 的那一个小时里打了 40 分钟的电话，和在美国的同学、朋友聊天——在美国，人们是很忌讳用公家的电话办自己的私事的。

过了几天，导师从办公室记录电话的电脑上发现了这件事，非常生气，就把那个学生叫过来询问："那天下午 2:00～3:00，你在做什么？"这个学生一点儿也不认为撒谎是可耻的，他很坦然地撒谎说："在按照您的要求做实验。""除了做实验，还做了什么呢？"导师没有想到他居然会这样说，于是追问了一句，想知道他到底有没有认错的意识。不料，他仍旧毫无愧色地说："没有做别的，我一直在非常专心地做实验。"导师被他的不诚实气得变了脸色，再也没有说什么。几天之后，这位"优秀学生"被开除了。

上述例子中的导师的做法，反映了科学家对不诚实态度的深恶痛绝。科学是一门"老老实实"的学问，它需要诚实，不诚实的人是干不了这一行的。甚至可以说，没有诚实，就没有科学；没有诚实，人就不可能成为真正的人才。

其实，在生活中，对待任何事情都一样，都要保持绝对的诚实，这是我们踏上成功之途最重要的事情之一。

去掉伪装，展现真实的自己

我们每个人都是这个世界上唯一的有自己特色的个体，在人生的道路上，我们会遇到各种各样的人，会在不同的人面前充当不同的角色。很多人总是犯同一个错误，即认为别人需要看到强大、能干、成熟的自己，却忘记了真实的自己是什么样子的。他们太渴望表现得像自己想象的那样，结果使真实的自己戴上了伪装的"面具"，但这同样使他们的内心备受煎熬。

所以，在生活中，人要想活得真实，活出自己的风采，就不要受他人左右，而是要去掉伪装，展现自己真实的本色，这样才能找到真正的自我。

有一次，"汽车大王"亨利·福特乘飞机前往英格兰。在机场问询处，福特想要找当地最便宜的旅馆。接待员认出他是著名的"汽车大王",说道:"要是我没搞错的话,你就是亨利·福特先生吧。我记得很清楚,我看到过你的照片。"福特回答说:"是的。"

接待员疑惑地说:"你穿着一件看起来很旧的外套,还要住最便宜的旅馆。可是我也曾见过你的儿子上这儿来,他总是询问最好的旅馆,他穿的也是最好的衣服。"福特说:"我儿子还年轻,好出风头,他还没适应生活。对我而言,没必要住在昂贵的旅馆里。我在哪里都是亨利·福特,即便是住在最便宜的旅馆里,我也是亨利·福特。这没什么两样。这件外套,是的,这是我父亲的——但没有关系,我不需要新衣服。我是亨利·福特,不管我穿什么样的衣服,我还是亨利·福特。"

亨利·福特虽然已是家财万贯,事业成功,但还是保持本色,不伪装,不虚荣,这是一种健康、正确的心态,值得我们学习。

"2004 年度诺贝尔文学奖"获得者、奥地利女作家埃尔弗里德·耶利内克是一个保持自己质朴本色的人。她得知自

己获奖后，宣布她不会去瑞典的斯德哥尔摩领奖。她并不期待自己成为一个万众瞩目的名人，这不是她极力追求的目标。她本人曾说，在得知自己获得这一如此崇高的奖项之后，她第一感觉到的"不是高兴，而是绝望"。她说："我始终没有想过我本人会获得诺贝尔奖。也许，这一奖项最应颁发给另外一位奥地利作家彼杰尔·汉德。"

耶利内克最难能可贵的是，在巨大的荣誉面前，她完全保持了自己的本色，她很清楚自己是谁、应该做些什么。耶利内克写作的本意不是为了得奖，并且认为有比她更该得奖的作家，这表明了她的诚挚，也体现了她非凡的气魄与胸襟。

其实，做真实的自己，从更深层次来讲，就是要时刻保持内心的警醒，不迷失自己。这说起来容易，做起来却很难。

生活在现代社会，在日常生活中我们或多或少都会为了自己的生活去伪装一下自己，这是情有可原的，但伪装的"面具"戴久了，我们往往会看着别人，忘掉自己，认为别人的一切都好，希望得到别人所拥有的一切。这其实是一件很可悲的事情，因为我们永远不可能成为别人。所以，我们最好把自己的"面具"摘下来，活出自我，在心底保留一块净土，播种自己的希望，这样也可以使我们自己得到暂时的休息与安宁。

"清水出芙蓉，天然去雕饰。"保持真实的自我不需要我们去刻意改变什么，顺其自然就好。

这也是著名作曲家欧文·柏林当年给乔治·盖许文的忠告。柏林和盖许文初次见面的时候，柏林已很有名，而盖许文只是一个刚出道的年轻作曲家，一周只赚35美元。柏林很欣赏盖许文的能力，就问盖许文想不想做他的秘书，薪水大概是盖许文当时收入的3倍。"你要好好想想要不要接受这份工作，"柏林提醒盖许文说，"如果你接受的话，你可能会变成一个二流的柏林；但如果你坚持继续保持你自己的本色，总有一天你会成为一个一流的盖许文。"

盖许文接受了柏林的忠告，仔细考虑后，最终婉言谢绝了这个工作机会。后来他凭借自己的努力，以自己独特的风

格渐渐成为美国新一代最重要的作曲家之一。

卓别林、鲍勃·霍伯、威尔·罗吉斯、玛丽·玛格丽特·麦克布蕾、金·奥特雷，以及其他的许多人，尽管奋斗得都异常辛苦，但都在成功的路途中保持了自己的本色。

卓别林刚开始拍电影的时候，那些电影导演都坚持要卓别林去学当时非常有名的一个德国喜剧演员。可是卓别林没有这么做，他一直默默努力，坚持自己的风格，最终创造出一套自己的表演方法，然后开始成名。

鲍勃·霍伯也有相似的经历。他多年来一直在演歌舞片，却毫无成绩，一直到他发现自己有说笑话的特长之后，才开始成名。

威尔·罗吉斯在一个杂耍团里，不说话光表演抛绳技术，他干了好多年，最后发现自己在讲幽默笑话上有特殊的天分，才往这个方向发展并渐渐成名。

玛丽·玛格丽特·麦克布蕾刚刚进入广播界的时候，想做一个爱尔兰喜剧演员，结果失败了。后来她发挥了自己的本色，做一个从密苏里州来的、很平凡的乡下女孩子，结果成为纽约最受欢迎的广播明星。

金·奥特雷刚出道的时候，想改掉德州的乡音，他穿得像个城里的绅士，自称是纽约人，结果大家却在背后笑话他。后来他开始弹五弦琴，唱西部歌曲，开始了了不起的演艺生涯，最终成为在电影和广播两方面都非常有名的西部歌星。

一个人成就的大小与其实际潜能有关。你只能唱你自己的歌，你只能画你自己的画，你只能做一个由你的经验、你的环境和你的家庭所造就的你。所以，每个人都要活出自己的风采，做真实的自己，展现真实的本色，这才是最美的。

谦卑坦诚，树立良好形象

在人际交往中，如果你想有良好的形象，首先就要以一颗开放的心坦诚待人，虚己以听，这样才能在与人交往的过程中树立起温恭自虚、谦卑坦诚的良好形象。

这需要一定的修养，需要人们在生活中有意识地加以培养。通常，需要做到以下几点：

（1）对人坦诚，但不粗俗

人与人交往，需要坦白诚恳的态度。也就是说，需要立身处世刚正不阿，为人办事诚心诚意；需要言行一致，言之有物，行之有理。若是口是心非，见风使舵，阳奉阴违，两面三刀，就不是一种坦诚的态度，这样的人是不会得到别人的喜欢的，在社会交往中也不利于自己的发展。

值得注意的是，坦诚并不等于言语粗俗、信口开河。言语粗俗、信口开河的人，往往捕风捉影，凭主观想象断言，说话不负责任，只图一时痛快；不看对象，不讲方式方法，不分场合地点，不顾后果，乱说乱讲。这样的人同样搞不好社会交往。

（2）为人谦虚，但不虚伪

谦虚的品德对于一个人的人际交往很重要。一个人对自己应该实事求是，不矜不伐，戒骄戒躁，既肯接受别人的批评，又能够虚心地向别人请教。这样，他才能成为社交中受欢迎的人。而一个自负自傲的人，只会令人反感。

谦虚应以坦诚为基础，否则人就容易陷入虚伪的"泥潭"。比如，讨论问题时，自己明明有不同意见，为表谦虚而不明白说出；对方批评自己时，当面唯唯称是，背后却又大发牢骚，这些都是虚伪的表现。

谦虚与虚伪、虚荣不是一回事。一个人如果故作谦虚姿态，以求得"谦虚"的美誉，就是虚荣的一种常见表现。这种虚荣心一旦被他人察觉，他人就不会与之愉快地交往了。

谦虚更不等于谄媚。你如果在交际中，爱对对方说一些

言不由衷的溢美夸饰之词，以为只有这样才能显得自己彬彬有礼、谦恭而有教养，那就错了。要知道，过分赞美，亦近谄媚，而谄媚，非但不能令人产生好感，反而会令人讨厌，所以，谄媚是社交中的大敌，应当注意回避。

（3）成熟稳重，但不圆滑世故

在社会交往中，人要想减少失误，不断进取，立于不败之地，就要努力使自己成熟稳重起来。

成熟稳重的基本特征是：第一，能够摆正长远利益与眼前利益、"大节"与"小节"的关系。既看到眼前利益，又看到长远利益；既着眼于"大节"，又不围着"小节"打圈圈。成熟稳重，就是胸有大志，站得高，看得远；有头脑，有社会经验，有知识，有学问；遇问题有主见，并能迅速找到解决问题的正确方法。第二，能够摆正现象与本质的关系，并透过现象抓住本质。对生活、社会、人生、人以及自己有较透彻的了解，不被其他的人和事所迷惑。既不过高也不过低评价自己的能力，能够得心应手地为人处世。第三，能够摆正情感与理智的关系，既重感情，更靠理智行事。一事当前，能够恰当地控制自己的情绪，不感情用事。能掌握自己的个性，使之适应社会交往的需要；能驾驭自己的习惯，使之无碍于与别人的交往。

成熟稳重，靠的是知识的积累、经验的积累，而这些又往往在于时间的积累。一般来说，年轻人为人处世不够成熟稳重，更要特别注意提高自己的修养，这样才能有所进步。

（4）严于律己，宽以待人

对己严格，对人宽容，这是搞好人际交往必不可缺的重要原则。

严于律己，就是要高标准地严格要求自己，时时注意不去伤害别人，出现问题时主动承担责任，发生口角时主动进行自我批评，总是尽量把方便让给别人，有困难时力争靠自己的力量去解决；宽以待人，就是要能够忍受各种误解和委屈而毫无怨恨之心，以德报怨，不斤斤计较。

我们每天都在与人打交道，经常会出现如何要求别人、如何对待自己的问题。待人与律己的态度可以充分反映出一

个人的修养，也是决定一个人能否与他人很好地相处的重要因素。中国古来就有"君子宽以待人，严于责己"的处世方法，而这一方法是非常值得借鉴的。

人无论怎样力求完善，身上都有着令人遗憾的弱点，甚至是令人厌恶的缺点。那么，应该怎样看待别人的缺点呢？明代学者薛有说："人有不及者，不可以己能病之。"意思是说，看到别人不及自己的地方，不能以自己有这一长处而鄙视别人或诋毁别人。善意的批评与提醒是必要的，但出发点应该是希望别人更加完善，而绝非出于嘲笑与轻视。看到别人的不足时，我们应该这样想：这有助于我们多看别人的长处，也能使我们自己保持清醒。

"如果我们自身毫无缺点的话，我们就不会以如此大的兴趣去注意别人的缺点。"这话值得深思。以宽容的态度待人，是以理解为基础、以客观的态度给他人以评价，这会使我们从他人身上看到自己所没有的优秀之处，又能使我们对他人的缺点、错误抱持一种善意的态度，并对之予以充分的谅解。这是一个人有知识、有修养的表现。

（5）爱与善良

如果想获得终生的幸福，我们就必须成为充满爱心的人。生命中有了爱和善良，我们就会变得精神焕发、富有生气，新的希望会油然而生，世界也会变得万紫千红。努力去帮助别人，我们就能得到别人的帮助；全身心地去爱生活和自然，我们就能获得幸福的人生。

要谦虚谨慎，不骄傲自大

俗话说："谦受益，满招损。""人之不幸，莫过于自足。""人之持身立事，常成于慎，而败于纵。"谦虚谨慎是每个追求卓越的人必备的品格。具有这种品格的人，在待人接物时温和有礼、平易近人、尊重他人，善于倾听他人的意见和建议，能虚心求教，取长补短；对待自己时有自知之明，在成绩面前不居功自傲，在缺点和错误面前不文过饰非，能主动采取措施进行改正。

不论你从事何种职业，担任什么职务，只有保持谦虚谨慎，你才能不断进取，增长更多的知识和才干。谦虚谨慎的品格能够帮助你看到自己与他人的差距，永不自满，不断前进；也能够使你冷静地倾听他人的意见和批评，谨慎处事。反之，如果你骄傲自大，满足于现状，停步不前，主观武断，轻则会使工作受到损失，重则会使事业遭到重创。

具有谦虚谨慎品格的人不喜欢装模作样、摆架子、盛气凌人，他们能够虚心地向别人学习，取长补短。

美国第3届总统托马斯·杰佛逊说过："每个人都是你的老师。"杰佛逊出身于贵族家庭，他的父亲曾经是军中的上将，母亲是名门之后。当时的贵族除了发号施令以外，很少与平民百姓交往，因为他们往往看不起平民百姓。然而，杰佛逊没有秉承某些贵族人物的这一"恶习"，而是主动与各阶层人士交往。他的朋友中当然不乏社会名流，但更多的是普通的园丁、仆人、农民或者是贫穷的工人。他善于向各种人学习，懂得每个人都有自己的长处。由于作风扎实，深入实际，杰佛逊虽高居总统宝座，却很清楚民众究竟在想什么、到底需要什么。于是，在密切民众关系的基础上，杰佛逊成为一代伟人。

谦虚谨慎的品格，会使一个人面对成功、荣誉时不骄傲，而是将其视为一种激励自己继续前进的力量，而不会陷在成功和荣誉的喜悦中不能自拔，把荣誉当成"包袱"背起来，

沾沾自喜于一得之功，不再进取。

居里夫人以她谦虚谨慎的品格和卓越的成就获得了世人的称赞，她对荣誉的特殊见解使很多喜欢居功自傲、浅尝辄止的人汗颜不已。居里夫人的一个朋友到她家里去做客，忽然发现她的小女儿正在玩英国皇家协会刚刚颁给她的一枚金质奖章。朋友不禁大吃一惊，忙问居里夫人："现在能够得到一枚英国皇家协会的奖章，这是极高的荣誉。你怎么能给孩子玩呢？"居里夫人笑了笑，说："我是想让孩子们从小就知道，荣誉就像玩具，只能玩玩而已，绝不能永远守着它，否则就将一事无成。"居里夫人自己正是这样做的。也正因为居里夫人的高尚品格的影响，她的女儿和女婿之后也踏上了科学研究之路，并再次获得了诺贝尔奖，成为令人敬仰的两代人三次获诺贝尔奖的家庭。

古今中外大凡有大成就的人，都把谦虚谨慎当作人生的第一美德来培养。一个谦虚的人，有自知之明，能够比较清醒地认识到自己的优点和缺点，能够虚心接受别人的意见，能够正确处理个人和他人、个人和集体的关系；一个谨慎的人，为人严谨持重，观察事物深入细致，分析问题缜密周全，待人接物热情而不轻浮。

谦虚谨慎的反面是骄傲自满。骄傲自满的人总是自以为了不起，看不起别人，听不进批评意见，不接受新事物，有了点成绩就止步不前，盛气凌人。比如，有的人学习上有了点收获或者工作上有了点进展，就洋洋自得起来；有的人事业上有了点成就或者有了点名气，就忘乎所以；有的人走上领导岗位或者职务提升了，就"官升脾气长"……

骄傲自满是一个可怕的"陷阱"，会使人无法自拔，招来失败的"祸殃"。《三国演义》中"马谡失街亭"和"关公走麦城"的故事，使人颇得教益。

马谡为什么会丢掉战略要地街亭呢？是他不谙兵法、平庸无能吗？不是。马谡熟读兵法，才气过人，平素深受诸葛亮器重。当司马懿的大军向街亭推进时，马谡自告奋勇，请求带兵前去镇守。临行前，他听不进诸葛亮对作战形势深谋远虑的分析，自恃"某自幼熟读兵书，颇知兵法，岂一街亭不能守耶？"及至街亭，他又骄傲轻敌，违背诸葛亮所传授

的具体作战部署，并拒绝接受副将王平的正确意见。结果街亭失守，毁掉了诸葛亮进军中原的大计，导致了诸葛亮"挥泪斩马谡"的悲剧结局。

曾经"过五关斩六将"的关羽，文武双全，勇冠三军，但他骄傲自大，目中无人。东吴的大将陆逊、吕蒙正是利用了关羽的这个弱点，设下"骄其心，懈其备"以取荆州的巧计，最终使关羽落得个失荆州、走麦城、一败涂地、身首异处的可悲结局。

谦虚的人，虚心而求实，所以也往往是谨慎的人；谨慎的人，深思而熟虑，所以也往往是谦虚的人。谦虚谨慎的人，持重稳健，足智多谋。比如：诸葛亮本躬耕于南阳，后受刘备三顾而出，运筹帷幄，辅佐刘备从无立身之地到三分天下。诸葛亮之所以能成此大业，是与他"一生唯谨慎"分不开的。

所以，我们要谨记：只有保持谦虚谨慎的品格，才能成就卓越。

提高个人的综合品德修养

人，不同于其他动物，不仅有物质的躯体，更有对精神、思想、情感、品格的追求。一个人的品格是其道德素质的体现，决定一个人的人生价值。良好的品格最能体现一个人的品位与人生价值，一个品格高尚的人，最具人格魅力。

中国传统文化特别强调人要加强品格修养，并将其称为修身之道。时至今日，这依然是我们立身处世的标准。

那么，一个人的品格修养应该如何提高呢？首先我们要了解一个人的品格修养包括哪几方面的内容。简单地说，一个人要想提升自己的品格修养，就应该在文化修养、思想修养、心理修养、道德素质等几个方面下功夫。

（1）文化修养

文化修养就是掌握的文化知识及在实际生活和工作中

运用这些知识来处理和解决问题的能力。有高等学历的文凭并不等于这个人一定文化修养高。没有文化，谈不上文化修养；有了文化，也并不等于有文化修养。文化修养，不是简单地上了几年学、念了几本书就可以修得、养成的，也不是仅靠学校教育就可以培养、训练出来的。它是一种积累，要靠相当长时间不懈的努力学习和修炼。

（2）思想修养

思想修养实际上就是思想方法和思维习惯。现在很多人的思想方法和思维习惯不适应现代社会的需要，有些人遇到事情时考虑的不是如何把事情做成功，而是"我这么做，领导会怎么看我，同事会怎么看我，万一我做不成功，他们又会怎么对待我？"如此等等，这是思想修养不够的表现，需要积极努力提高。

（3）心理修养

心理修养就是心态和自我调控能力。有的人在心理素质方面有些问题，攀比心理和虚荣心太强就是一种常见表象。正常的攀比可以促使人积极向上，但过分的攀比则有害无益。现代社会是一个充满竞争的社会，竞争的应该是业绩，应该是智慧，应该是能力，而不应该是你争我夺地追逐利益。只有努力学习别人的长处，人才会不断提高、不断进步，有这种认识的人才是真正的聪明人。人一定要提高自身的心理修养，树立积极、健康、向上的心态。

（4）道德修养

道德修养主要是指一个人在生活中的各种习惯表现。相对来说，很多人在这方面欠缺得更多一些。例如，有些人常常为了自己舒服，就毫无顾忌、不分场合地随地吐痰、说脏话、缺乏礼让意识等等，这些都是没有道德修养的表现。一个人只有提高自身的道德修养，才能具备经得起考验的高尚品格。

品格修养需要在生活中的一点一滴中去培养、去学习，只有日积月累，才能有所提高。

提升自我，做有魅力的人

一个人的个人修养是其人格魅力的基础，其他一切长处均来源于此。"修养"指的是一个人在理论、知识、艺术、思想等方面的综合表现，也是一个人的综合能力与素质的体现。良好的个人修养是一种美德，是一种崇高的内在力量。注重提升个人修养是中华民族的优良传统。

一个人为人处世的基本原则就是要有修养。一个有修养的人会得到周围人的认可和称赞；一个有修养的人会得到亲朋好友的祝福和敬仰；一个有修养的人也会得到对手的钦佩和尊重。

修养是一个人综合素养的折射，良好的修养最能体现一个人的品位与价值，一个有很高个人修养的人，极具个性和人格魅力。一个人的修养会陪伴着他走完生命的最后一程，所以每个人都要不断提高自己的修养，让自己在人生之路上不断前行。

"好风凭借力，送我上青云。"一个人的修养和人格魅力就像是人生中的"好风"，在关键的时候，它们总能够帮助人达到自己的目标。

一个人修养的提高与学习是一辈子的"功课"，离开校园之后我们要把自己当作人生的"老师"，把身边一切的人和事当作"教材"，从中不断汲取生活的智慧，提高自己的修养。如果说个人礼仪的形成和培养需要靠多方面的努力才能实现的话，那么个人修养的提高只能靠我们自己。哪怕是点滴的积累都会有助于我们修养的提高，所以在日常生活中，每件小事我们都不能忽视，要多积累多学习，这样才能提高个人素质和个人修养。

奥黛丽·赫本是奥斯卡影后，因其独特的人格魅力而被世人称为"人间天使"。身为好莱坞最著名的女星之一，赫本以高雅的气质与有品位的穿着著称。1999年，她被"美国电影学会"选为百年来最伟大的女演员第3名。

　　晚年的赫本投身于慈善事业，是联合国儿童基金会亲善大使的代表，1992年被授予"总统自由勋章"。作为亲善大使，她不时举办一些音乐会和募捐慰问活动，造访一些贫穷地区的儿童，她的足迹遍及亚非拉的许多国家，这些都是她极强人格魅力的体现。

　　1992年底，赫本以重病之躯赴索马里看望因饥饿而面临死亡的儿童，她的爱心与人格犹如她的影片一样灿烂。她用自己的行动向人们展现了人格魅力的光芒，她给人们留下了这样一句名言："记住，如果你在任何时候需要一只手来帮助你，你可以在自己每条手臂的末端找到它。随着你的成长，你会发现你有两只手，一只用来帮助自己，另一只用来帮助别人。"这段话体现出赫本在人生旅途中的高贵品质。这或许看起来是很简单的一件事情，但是能坚持到底却是那么难能可贵。

　　无论生活如何改变，当这位魅力无限的"公主"离开之后，人们并没有忘记这位美丽善良的"天使"，联合国儿童基金会为了纪念赫本所做的贡献，专门为她在纽约总部树立了一尊以她的名字命名的 7 英尺高的青铜雕像——"奥黛丽精神"，并于 2002 年 5 月举行了揭幕仪式，而在赫本去世 10 周年时，美国邮政总署专门发行了她的纪念邮票。

奥黛丽·赫本的一生其实很简单，她是一位电影演员，所以在自己的工作之中遵循的原则是：拍片精挑细选，宁缺毋滥，对工作从来都是刻苦认真，对世界更是充满爱心。生活中的赫本也有着自己独特的处事风格：不盲从潮流。在演艺圈，她从不盲从，也从不为利益所动。这样的修养成就了她的事业，也内化为她独有的人格魅力。

知易行难，一个人的修养不是说想提高就能提高的，这需要脚踏实地一步步完善自己的品行，培养各种美德，戒除各种缺点和恶习。所以，不要等待，从现在开始提高自己的修养吧，努力让自己成为一个让人喜欢、让人敬佩、富于魅力的人。

点滴积累，才能有收获

"只要功夫深，铁棒磨成针"、"水滴石穿"、"聚沙成塔"……这样的一句句话让我们看到了积累的力量何等强大，点滴积累也会有大的收获。

积累是一件很小的事，但是积累所造就的成果却非常惊人。打个很简单的比方，一个人拿出 1 元钱是很简单的事情，但是如果我们每个人都拿出 1 元钱，那就将是一个非常惊人的数字。

每天积累一个微笑，那么一年 365 天下来，灿烂的笑容就会充满我们的心田；每天积累一声感恩，长期如此，我们每个人就会对全世界都心存感恩；每天积累一点快乐，长此以往，我们还有什么理由悲伤呢？

幸福靠每个人自己去把握，快乐靠每个人自己去感受，而魅力则要靠我们每个人自己去积累。积累小智慧会成就大人生，积累小习惯会成就大修养，积累小成功会成就大魅力，也终将成就丰富多彩的人生。

"读书破万卷，下笔如有神。"这句古话让我们看到了积累在一个人文学造诣中的作用。那些伟大的一直影响着我们的大文学家，哪个不是博览群书？很多人之所以没有成功，其实究其原因只是他们下的功夫没有达到一定的程度而已。

大成功是由小目标累积的，每一个成功的人都是在达成无数的小目标之后，才实现了他们远大的梦想的。所以，千万不要放弃，不放弃就一定有成功的机会，但如果放弃了，那就注定只能失败。不畏艰苦，不懈努力，迎接自己的便是成功！

1984 年，在东京国际马拉松邀请赛中，名不见经传的日本选手山田本一出人意料地夺得了世界冠军。当记者问他凭什么取得如此惊人的成绩时，他说了这么一句话："凭智慧战胜对手。"当时，不少人都认为这个"偶然"跑到前面的

矮个子选手是在"故弄玄虚"。10 年以后,这个谜底终于在他的《自传》中揭开了。

山田本一在他的《自传》中是这么写的:"每次比赛之前,我都要乘车把比赛的路线仔细看一遍,并把沿途比较醒目的标志画下来。比如,第一个标志是一家银行,第二个标志是一棵大树,第三个标志是一座红房子……这样一直画到赛程的终点。比赛开始后,我就以百米冲刺的速度,奋力向第一个目标冲去;过了第一个目标后,我又以同样的速度向第二个目标冲去。起初,我并不懂这样的道理,常常把我的目标定在 40 千米外的终点处的那面旗子上,结果我跑到十几公里时就疲惫不堪了,我被前面那段遥远的路程给吓倒了。"

量变引起质变,我们现在所做的都是在为自己的人生做一个量变的积累,而这样的积累达到了一定的程度就能产生一个质变的飞跃。人要想成功,就必须经过量变一点一滴的积累,否则,又怎么能实现质变的飞跃?

一个人要想得到众人的喜欢,那么首先要做的就是在为人处世方面进行积累,对自己的每一句话、每一个行动都加以注意，长此以往，他必定会成为一个魅力无限的人。"积水成渊，蛟龙生焉；积土成山，风雨兴焉；积善成德，而神明自得，圣心备焉。故不积跬步，无以至千里，不积小流，无以成江海。"请记住古人的圣贤之语，用自己的点滴积累为自己的人生涂上最美丽的色彩，用自己的点滴积累为自己增添最大的魅力。

谁不想拥有迷人的笑容？谁不想在为人处世时获得他人的赞赏与钦佩？谁不想拥有成功的事业与幸福的人生？但"想"和"做"之间的差别是非常大的，"想"只是停留在思想阶段，而事情是靠"做"完成的，真正的改变是从行动开始的，没有行动，所有的幻想都只能是空想。

凡事要想做大，都得从小处做起，从最基本的事情做起。一个人如果心中有远大的理想，却不愿意一步一步脚踏实地地去努力，那他永远也不会有美梦成真的那一天。

人生目标确定起来容易，实现起来却很难，但如果不去行动，那么连实现的可能都不会有。没有行动的人只是在做白日梦，所以心动不如行动，勇敢迈出行动的第一步，你成

功的机会就会增多，而如果光想不做，那你将永远没有实现计划的可能。

人生中有许多奇迹，有些看似比登天还难的事，却轻而易举就可以做到，其中的原因就在于拥有非凡的信念。一个人如果在内心中蕴藏着一个坚定的信念，并坚持不懈地为之努力，那么他一定会成功。

"千里之行，始于足下。"唯有一点一滴地去积累，才终会得到累累硕果，有大收获。

宠辱不惊，淡化利欲之心

生活中总会有很多无奈，我们因为追求各种各样的目标，比如名誉、富贵、财富等等，常常忙得团团转，心灵也很难逍遥自在。就像风筝，想飞却总被一根绳子拴着。

有个人觉得自己整天忙得团团转，被生活压得喘不过气来。有一天，他来到寺庙祈祷自己的梦想早日成真。烧完香后，他在禅院遇到了一位老禅者，于是向老禅师请教："请问老师父，为什么团团转？"

"皆因绳未断。"老禅者脱口而出。

听了老禅者的回答，他顿时目瞪口呆。老禅者见此情景，便问道："你怎么如此惊讶？"

"老师父，我惊讶的是你好像知道我早上遇到的事。今天，我在来的路上，看到一头牛被绳子穿了鼻子，拴在一棵

树上。这头牛试图挣脱绳子到旁边的草地上去吃草，可是它转来转去，都不得脱身。老师父您真是高僧，一语中的。"

老禅者摇摇头，微笑着说道："你说的是事，我说的却是理。我说的不是牛被绳缚而不得解脱，而是心被俗务纠缠而不得超脱，这一理通百事啊！"

是啊，生活中的琐事总是在无形之中将我们牵绊着，有时候让我们步履维艰，有时候让我们裹足不前，有时候让我们觉得我们离曾经的梦想是那么遥远。就像一只风筝，再怎么飞也飞不上万里高空，因为它始终被绳子牵着，因而失去了广阔的天空；就像一匹被缚住的骏马，再怎么烈也不能驰骋于辽阔的草原，因为它被绳子缚住了自由的脚步。名是绳，利是绳，欲也是绳，总之，生活中的诱惑与牵挂都是一根根"绳"。很多人在生活中总是会被许多烦恼与痛苦的"绳子"缠缚着，不得解脱；特别是被那些所谓的名利贪欲之绳牵缚着，忙得团团转。"人为事而转，皆因绳未断。"人一旦陷入名缰利锁中，就会杂念丛生。而人若能淡化利欲之心，那么无论什么时候，都可以让心灵得到快乐。

相传，苏东坡在江北瓜州任职的时候，与江对面金山寺的主持佛印禅师经常谈禅论道。一天，苏东坡觉得自己修持有得，便撰诗一首，派书童过江去将诗卷送给佛印禅师印证，诗云："稽首天中天，毫光照大千。八风吹不动，端坐紫金莲。"

佛印禅师看完之后，拿笔批了两个字，便叫书童带回去。苏东坡以为禅师一定会赞赏自己参禅的境界，急忙打开禅师的批示，却见上面写着"放屁"二字，不禁火冒三丈，立刻乘船过江去找禅师理论。就在船快要到达金山寺的时候，佛印禅师早早地就站在江边等着苏东坡了，苏东坡一见禅师就气呼呼地说："禅师，我们是至交道友，对于我的诗与我的修行，你不赞赏也就罢了，何必骂人呢？"

佛印禅师若无其事地说道："我骂你什么了啊？"于是，苏东坡将诗上批的"放屁"二字拿给禅师看。只见禅师顿时大笑道："哦，你不是说'八风吹不动'吗？怎么'一屁就打过江'了呢？"苏东坡听罢，惭愧不已。

"八风吹不动"，原本是出家人追求的一种至高的境界，不是很容易就能达到的，但其实人若能够保持一颗平常心，

时刻提醒自己"不以物喜，不以己悲"，也是可以慢慢达到这种境界的。

故事里的苏东坡，很显然没有达到这样的境界，反而留下了"八风吹不动，一屁打过江"的笑料。相比之下，大画家齐白石就颇有几分"八风吹不动"的功力，他给自己立了"七戒"：戒酒、戒烟、戒狂喜、戒悲愤、戒空想、戒懒惰、戒空度。当有人或出于偏见，或出于恶意，对他进行攻讦、对他妄加评论的时候，齐白石一概置之不理，听之任之。用他自己的话说就是"人誉之一笑，人骂之一笑"。

人都是既食人间烟火，又有七情六欲，很难做到"八风吹不动"，很多人往往是遇顺境则狂喜，临逆境则苦闷，听到表扬时欢喜，听到批评时不满。人虽然力有不逮，难以企及"八风吹不动"的至高境界，但也需有"虽不能至，然心向往之"的渴求。退一步说，如果实在做不到"八风吹不动"，也要尽量做到宠辱不惊，喜不张狂，忧不失态，这样才能少几分浮躁，多一些祥和；少几分狂态，多一些淡然，平和愉悦地享受人生。

克制欲望，方能修身养性

大千世界，五颜六色，纷繁复杂，有很多我们想要得到的东西。不可否认，我们很多时候都在为一些"身外之物"而努力。可是这些"东西""生不带来，死不带去"，人只有克制欲望，方能获得真正的安然平和。

生活中，人一定要克制自己的欲望，花点时间在修身养性上，为自己的心灵找一方"净土"，这样才能得到精神上的满足。

克制欲望，就是不要把名利、荣辱看得太重。俗话说得好：无宠不惊，无荣不辱。人懂得了这个道理，在一定程度上也就能"看破"、"放下"一些欲望了。

有这样一则寓言：

从前，有一个农夫，以采樵为生，日子过得非常辛苦，

却仍改变不了自己穷困潦倒的生活。他在佛前不知烧了多少高香，天天都祈求好运降临。

一天，农夫在地里竟然挖出了一个一百多斤的金罗汉。转眼间，他荣华富贵加身，又是买房又是置地。宾朋亲友一时竟比往日多出好几倍，大家都来向他祝贺，目光中充满了羡慕。可是，他只是高兴了一阵子，之后就犯起愁来，每天食不知味，睡不安稳。

"我们现在这么大的家产，就是贼偷，一时半会儿也不会被偷光啊！你到底愁什么呀？"农夫的老婆劝了几次都没有效果，于是开始不由得高声埋怨起来。

"你哪里知道，怕人偷只是原因之一？"农夫叹了口气，说了半句便将脑袋埋进了臂弯里，又变成了一只"闷葫芦"。过了一会儿，他才继续说道："十八罗汉我只挖到了其中的一个，其他的十七个不知在什么地方。要是那十七个罗汉全部都被我挖出来归我所有，那我就心满意足了。"

原来，这才是他犯愁的最大原因！

其实，在挖出了一个金罗汉后，农夫早已过上了原本不敢想像的奢侈生活，可他贪心不足，执着于还没有得到的甚至也许根本不存在的另外十七个金罗汉，于是整天犯愁，食不知味，睡不安稳，无视本来已经很美好的生活。

很多人最大的弱点就是得陇望蜀，贪心不足。我们都知道人生本来就很短暂，倘若过分地追求会让自己吃不香、睡不着，常常是心有"妄求"。所以，人需要提高自己的修养，让自己对这些"妄求"有精神上的"免疫力"。

佛语道："云在青天水在瓶。"就是说瓶中的水时常仰望青天的云，它羡慕着天上的云，怨叹自己为何只能做这瓶中的水，终日郁郁寡欢、仰天长叹。人如果任由追逐名利的情绪日积月累，只会尘封原本清净空明的本心，以致本心难求，终至于寻不得，也觅不着。其实，人在面对欲望时，只要心念一转，克制住自己的欲念，一切也就云淡风轻了。

对于任何一个人来说，名和利，就如"青天云"与"瓶中水"。很多过高的追求，归结起来也无非"名"、"利"二字。人不妨淡化利欲之心，适度地克制自己的欲望，咸淡任

由之，时刻都以平和超然的心态去体察外物，不以物喜，不以己悲，不因生活暂时的凄苦而悲痛万分，也不因生活暂时的充裕而欣喜若狂。人如果能撤除欲念，就能撤除求而不得的痛苦，也就能真心地体味到心无旁骛的自由自在。

爱心是品格的花朵

赵先生以前既没有学历，也没有金钱，更没有人事背景，但是现在他却成为一个成功的企业家。他到底是如何成功的呢？原来他是一个很会体贴他人的人，他对周围人的体贴，甚至超过了别人的需求。只要你说要上他那里玩，他就会热烈欢迎你，甚至在你回去的时候，还要给你带些小礼物。朋友问他何以如此，他说："像我这样一无所有的人，如果要与别人来往，就不能不令对方感到愉快，让对方获得益处。"

而出身名门的"富家子弟"李先生本是一个"精明人"，他也想能成功地做出一些事情来。但是，当他与别人交往的时候，他首先考虑的是这个人对自己有什么利用价值：也许与这个人交往，自己以后向银行贷款时，会比较容易；也许与这个人做朋友，自己会得到致富之道；也许这个人会将土

地廉价出售给自己，或者将办公室借给自己……他就是如此这般地对周围的人怀着期待之心，认为自己要接触的人应该为自己带来某些利益。

赵先生和李先生在很大程度上代表了两种不同的人的处世方式。其实，像赵先生一样的人才称得上真正的聪明。因为，人只有尽自己所能去满足他人的欲求，先施予，后收获，这样才能与他人形成良好的人际关系。

应该毫无疑问地相信：你一定无法找到一个慷慨施予，却不受人欢迎的人；也一定无法找到一个刻薄、自私、吝啬，却被人们普遍喜欢的人。

受人欢迎往往是在慷慨施舍以后，是施予之后所必然会有的附带产物。那些肯大力付出、肯慷慨奉献、肯广结"善缘"的人，自己往往也会获益无穷、受益匪浅。

很成功的房地产商人山姆就是这样做的，他同时拥有三幢办公大楼。

一般的房地产商人都会在圣诞节即将来临时，送一些礼物给他们的房客，通常是 1/5 或 2/5 加仑的酒。

46

这位商人山姆的做法却与众不同。他认为，每一位房客都是有不同身份、不同背景的人，所以他总会不时地送上一些极不寻常的礼物，这些礼物花费不多，却颇有成效。

有人曾为此向这位商人请教："山姆！你认为你送的礼物能抵回租金吗？"商人不假思索地回答说："这些房客的确是本镇最忠实的房客了。他们一旦租了我的办公室，就舍不得退租，我的办公室永远也不会有空下来的时候。我的租金要比别人高出一些，然而还是一直供不应求，一切都是我为他们付出了很多，所以他们也很喜欢的缘故。"

可能有人会挑剔地说："喔！山姆先生是一位百万富翁啊！当然负担得起这种慷慨施予。"但是，实际上，山姆先生的慷慨，并不是他有了财富以后的结果，而是他之所以能获得财富的原因。

有这样一则事例：

一次，大卫·史华兹的时间表上排定，他要分别到亚特兰大市与田纳西州演讲，这两场演讲仅有90分钟之隔，这简

直让他分身乏术。但他未能及早发现这一疏漏，此时时间已经很紧迫了，只得接洽一架包机才能及时赶到。他当即决定去拜访他的朋友约翰先生，因为约翰先生拥有私人飞机，而且跟两家包机公司很熟。

大卫·史华兹开门见山地问约翰先生："两家包机公司中，你推荐哪一家？"约翰先生毫不犹豫地说："约翰古恩航线。"这是一笔非常大的人情债，因此大卫·史华兹试图推辞。但是无论如何，约翰先生一直坚持要帮忙。最后约翰先生真的驾驶着自己的飞机，把大卫·史华兹很顺利地载到目的地，而且没有收他一分钱。

约翰先生一直在做这种"很难得"的"傻事"。他会把非常热门的足球比赛入场券赠给想看球赛的人；他也经常从很远的地方搜购别致、特殊的礼品来馈赠朋友。

他这样做是否值得呢？答案是肯定的。约翰先生在他所从事的行业中赫赫有名，他的企业是全国最佳企业之一；而慷慨施予的做法，正是他获得成功的关键因素之一。

想要多得到一些收获是人的本性，这是很正常的。但是如果能采取"倒向式"的做法——像大部分有成就的人那样遵循"先施予，后收获"的做法，那就更难能可贵了。而通常情况下，先施予，后收获，主动奉献，往往能够让人获得更大的成功。

舍利取义，吃亏是福

郑板桥说："吃亏是福。"这是对其一生处世心得的高度概括和总结。在日常生活中，当自己的利益和别人的利益发生冲突、友谊和利益不可兼得时，人首先应该考虑的是舍利取义，宁愿自己吃亏，只有这样，才能避免很多无谓的怒气和烦恼。

清朝时有两家邻居因一面墙的归属问题发生争执，欲打官司。其中一家想求在京为大官的亲属张英帮忙。张英没有出面干涉这件事，只是给家里写了一封信，力劝家人放弃争执。信中有这样几句话："千里修书只为墙，让他三尺又何妨？万里长城今犹在，谁见当年秦始皇。"家人听从了张英的劝告，主动让了三尺，这下使得邻居觉得不好意思，也让出三尺。最终，两家人握手言欢，由互不相让的争执变成了真心实意的谦让。

聪明的人懂得，与人相处，退让一分，就受一分益；吃一分亏，就积一分福。相反，存一分骄，就多一分挫辱；占一分便宜，就可能埋下一次灾祸的"种子"。

一个人如果以大局为重，以"仁义"为做人的原则，能够舍利取义，主动避免和别人在利益方面产生争端，那么，他一定不会招来别人的非议、嫉妒，他虽然可能会损失一些私利，但"吃亏是福"，他也一定会在另一方面得到更大的补偿。

以德报怨，让人一步天地宽

人与人相处时，要树立"以德报怨"、"让人一步天地宽"的意识。

魏国的大夫宋就被派到一个小县去担任县令，这个县正好位于魏国与楚国的交界处，盛产西瓜。虽然同处一地，可是两国村民种西瓜的方式和态度大不一样。

魏国这边的村民种瓜十分勤快，他们经常担水浇瓜，所以西瓜长得快，而且又甜又香。楚国这边的村民种瓜十分懒惰，很少给西瓜浇水，所以他们的瓜长得又慢又不好。楚国这边的县令看到魏国那边的西瓜长得那么好，便责怪自己的村民没有把瓜种好。但楚国的村民没有从自己身上找原因，而是一味怨恨魏国的村民，嫉妒他们为什么要把瓜种得那么大那么香甜。于是，楚国的村民就想方设法去破坏魏国村民的劳动成果。每天晚上，楚国村民都轮流着摸到魏国的瓜田，踩他们的瓜，扯他们的藤，于是，魏国村民种的瓜秧每天都有一些枯死。

魏国村民发现这个情况后，十分气愤，也打算夜间派人偷偷过去破坏楚国的瓜田。一位年纪大的村民劝住了大家，说："我们还是把这件事报告给县令，向他请示该怎么办吧！"

大家来到县衙。县令宋就耐心地劝导本国的村民说："为什么要这么心胸狭窄呢？如果你来我往没完没了地这般闹下去，两国只会仇怨结得越来越深，最后把事态闹大，引起祸患。我看最好的办法是，你们不计较他们的无理行为，每天派人去为他们的西瓜浇水，最好是在夜间悄悄进行，不声不响地，不要让他们知道。"

魏国村民依照宋就的话去做了。于是，从这之后，楚国的瓜一天比一天长得好。楚国村民发现，自己的瓜田每天都被浇过水，感到很奇怪，相互一问，谁也不知道是怎么回事。于是他们开始暗中观察，终于发现为他们的瓜田浇水的

竟是魏国的村民。楚国的村民大受感动。

很快，这件事情被楚国县令知道了，他既感激、高兴，又自愧不如。他把这些情况写下来报告给了楚王，楚王同样很感动，同时也深感惭愧和不安。

后来，楚王备了重金派人送给魏王，希望与魏国友好相处，魏王欣然同意了。

从此以后，楚、魏两国开始友好相处起来，边境的两国村民也亲如一家，两边种的西瓜都又大又甜。

当受到别人伤害的时候，如果采取"以牙还牙"、针锋相对的态度，只能激化矛盾；而如果采取宽宏大量的态度，以德报怨，则能够缓解矛盾，使坏事变成好事。所以，在与人交往时，要牢记"让人一步天地宽"。

真诚地去帮助别人

爱默生说:"人最美丽的品德之一,就是真诚地帮助别人。"很多时候,我们都会抱怨人际关系复杂,知心朋友难寻,造成这种局面的原因很多,其中最重要的原因很可能是我们考虑自己过多,帮助别人太少。一个平时不愿意帮助别人的人,又怎么能得到别人的信任呢?当他遇到困难时,别人又怎会对他伸出援手呢?我们只有平时多帮助他人,他人才会拿出真心来对待我们。

俗话说:与人方便,自己方便。有的时候,我们帮助别人只是举手之劳,却能因此得到意外的机会和收获。当然,帮助别人往往先要有一定的付出。

有时,当你正潜心于某项工作,或全身心投入一项你所热衷的事业,或沉浸于你赖以生存的一份职业时,却受到了

来自朋友、亲戚、同学或同事的求助等"分外之事"的干扰，需要你分出时间、分出心思和精力去应对它们。如果应承了这类"分外之事"，势必影响你工作的进展，你可能会觉得不高兴，会不甘心；但如果断然拒绝，你又会感到内心不安，还可能被误解，你同样会觉得不舒服、不高兴，你能这样陷入两难的境地。

此时，你应该明白，虽然你可能耽误了做自己的事的时间，但你收获的可能是良好的人际关系。同事、友人求助等之类的"分外之事"，也许只是表面上一时占去了你的时间，但从长远来看，从整体着想，实际上可能并不会对你造成损失，即使它可能会对你眼下所进行的工作产生间接的作用，或者对你将来的工作产生间接的作用，那么，这份"干扰"也有它独特的意义，即教会你"付出是正常的社会活动"。人在帮助别人的同时，会感觉到助人的快乐，因此，没有什么值得不甘心、遗憾的。

经常与人方便，常替别人分忧，真诚地去帮助别人，日积月累，你的社交"人脉"将四通八达，你也会更快地走向成功。

扶危济困，怜悯之心常存

中国传统文化向来把扶危济困作为一种美德，提倡在生活中，应该尽量去帮助那些向我们求助的人。西方人也崇尚对人仁慈、怜悯弱者，并对他们伸出援手的道德传统。

《圣经》上说，有个人招待了一群衣衫褴褛的客人，等客人离去后，这个人才发现他们原来是上帝派来的使者。因此，西方很多做父母的经常教导孩子们说，碰到衣衫破烂或长相丑陋的人，切不可怠慢，而是要帮助他，因为他可能是天上的"仙人"。实际上，即使是"凡人"，他们在受困之时也应该得到我们热情的款待和真心的帮助。

有这样一个故事：

那是一个刮风的雨夜，一家旅店来了一对上了年纪的夫妇。他们行李简陋，身无长物。

老人对旅店伙计说："别的旅店全客满了，我们俩在贵处借住行吗？"

年轻的伙计解释说："城里同时在开三个会，所以全城到处客满。不过，我也不忍心看你们二位没个落脚处。这样吧，我把自己的床让给你们，我自己不碍事，随便打个地铺就可以了。"

第二天早上，老人付房钱时，对伙计说："年轻人，你当得了美国第一流旅馆的经理，兴许过些日子我要给你盖个大旅馆。"

伙计听了，以为是玩笑之语，只是笑了一下，并未在意。

两年过去了。一天，那个年轻的伙计收到了一封信，信里附着一张到纽约去的双程飞机票，邀请他回访他两年前在那个雨夜里遇到的客人。

这个年轻人来到了车水马龙的纽约，曾经见过的老人把他带到第五大街和三十四街交汇处，指着一幢很是宏伟的高楼说：

"年轻人，这就是为你盖的旅馆，我想请你当经理。"

这个当年的年轻人就是现今纽约首屈一指的奥斯多利亚大饭店的经理乔治·波尔特，那位老人则是威廉·奥斯多先生。

其实生活中的奇迹，往往就发生在不经意间，有时是你的一句问候，有时是你的一个举手之劳，甚至是你的一个不经意的微笑或肯定的眼神，这些都可能是奇迹发生的"诱因"。这些极容易做到的小事，其功用却无比巨大。它们能让人如沐春风，能给身处困境的人带去一丝温暖、一点希望，让他们感受到世间的美好，重新鼓起生活的勇气。这种闪耀着人性火花的真诚所产生的价值，常常是出人意料的，也是难以估算的。

有时候，我们可能会觉得人与人之间的距离很远，但实际上，人们的内心始终是相通的。怜悯之心、关怀与爱——这些人类与生俱来的情感一直深深地扎根在土壤里，在适当的环境下，它们会像常春藤一样枝枝蔓蔓地伸展开来，开出芬芳的花朵。

露茜的爸爸在一个公益基金会工作。这个基金会经常向偏远地区提供食品、医疗援助和一些惠民服务。最近，露茜跟爸爸一起参加了他们的一次日常工作。露茜在那儿只是简单地给人指示方向、发传单以及引路。那天天气酷热，她又热又累，一点兴致都没有。坦白地说，她并不是很用心，只是敷衍了事。

然而，露茜看到两个女孩子干着跟她一样的工作，她们却面带笑容，满脸欢喜。她们走到看似迷路的人面前，询问他们是否需要帮助，而不是等着别人来找她们。一个老妇人摇摇晃晃地走向其中一个女孩，另一个女孩则走向一个穿得破破烂烂的男人，那人病恹恹的身子上搭着块破布。露茜看到第一个女孩彬彬有礼地和那个老妇人交谈，然后笑着给了她一个让她安心的拥抱。与此同时，第二个女孩对那个男人说道："你好，先生。有什么事情我可以帮你的吗？"先生？先生！！她跟那个男人说话的语气，就像他是个重要人物似的！露茜想："这简直太荒谬了。我没听错吧？为什么她跟一个街上的流浪汉说话就像他是个军队的上校似的？"

其实，那个女孩表现出的正是怜悯之心。因为她关心这个男人，希望他感觉到被人爱护并且觉得自己很重要。她对这个男人表现出了尊重。当她叫他"先生"的时候，那人只是微微抬起下巴，但他疲倦的皱纹满布的面孔却溢出了光彩。

露茜站在那里肃然起敬。在她的生命中，从没有过一个时刻，看到这样的关心和爱护。

露茜明白了，关爱别人并不仅仅是明白对方的需要，还要对他人需要表示出怜悯之心。关爱别人就是给有需要的人提供所需——甚至在他们太害怕而不敢提出来的时候。看到那两个女孩如此善解人意地向弱者表达了满怀敬意和关爱的怜悯之心，露茜相信自己可以做得更好。

一个小女孩牵着她妈妈的手向露茜走来。露茜面带微笑，迎上前去。

生活中，我们应该学会扶危济困，展现怜悯之心，倘若对人无同情怜悯之心，就要改善自己的性格，提升自己的自我价值，这样我们的心会充满阳光。

中篇

立言

有礼有节，展示良好风度

　　礼节、礼貌是人们在交往时相互表示尊重或友好的行为规范。从表面上看，礼节、礼貌是一种交际表现形式；从本质上讲，礼节、礼貌反映出一个人对他人的关爱之情和这个人的内在修养。

　　古人把人际交往中的礼节、礼貌看得很重，认为"使人以有礼，知自别于禽兽"，"夫礼者，自卑而尊人"，要求人们交往时"礼尚往来。往而不来，非礼也；来而不往，亦非礼也"，并规定交往时"不失足于人，不失色于人，不失口于人"，即不要在行动上失礼，不要在态度上失礼，不要在言语上失礼。

　　礼节、礼貌在社会生活中，体现出鲜明的时代的风格和特点。不同的民族、不同的时代以及在不同的环境中，礼节、礼貌的表达形式和具体要求虽然有所不同，但其基本准则是一致的，即要做到诚恳、谦恭、和善、有分寸。

礼貌和"客套"是有本质区别的。礼貌是基于相互尊重并表里如一；而"客套"则往往是不真诚的、表里相悖的。

在现代社会，人们交往时的礼节、礼貌，不仅体现出人与人之间相互尊重和友好合作的新型关系，还可以缓解和避免某些不必要的个人冲突。英国哲学家约翰·洛克曾说过："礼仪是在人的一切别种美德之上加上的一层藻饰，使它们对他具有效用，去为他获得一切与他接近的人的尊重和好感。美德是精神上的一种宝藏，但是使它们生出光彩的则是良好的礼仪。一个能够受到他人欢迎的人，他的动作不单要有力量，而且要优美——无论面对什么事情，必须具有优雅的方法和态度，这样才能显得优雅，得到别人的喜爱。"正是因为礼貌是人与人之间和谐相处、争取别人好感的一种具体表现方式，所以，礼貌成为在日常生活中调整人们之间的相互关系、维持社会生产的正常秩序的需要人们共同遵守的行为规范和道德准则。

在日常交往中，我们在礼节、礼貌方面至少要注意以下基本原则：

一是尊重的原则。礼节、礼貌是以尊重他人和不损害他人利益为前提的。人际交往时要尊重对方的人格，尊重是讲究礼节、礼貌的情感基础。

二是遵守的原则。礼节、礼貌属于社会公德，是社会中维系正常的生产方式和交往中约定俗成的行为规范准则，是一个社会全体公民共同遵循的最简单、最基本的公共生活准则，是每个社会成员都必须自觉遵守的。

三是自律的原则。礼节、礼貌是要通过教育与训练、自我约束、自我克制而逐渐形成的自身的道德信念和行为修养的准则。

四是适度的原则。礼节、礼貌在实际运用中要把握适度性，在不同场合、不同对象的交往中，要坚持不卑不亢、落落大方的态度，既要彬彬有礼、热情好客，又不可轻浮谄媚、妄自菲薄。

在待人接物的过程中，一个人的一举一动、一言一行都

是其内在美的外在表现，都应展现出自己的风度。良好的风度集中表现为不卑不亢，落落大方。

不卑不亢是一个人待人接物时的基本要求。不卑即不妄自菲薄，不在别人面前低三下四，不丧失做人的气节，不见利忘义。不亢即不盛气凌人，不自傲自负。

落落大方是指举止自然，不拘束。"大方"一词出自《庄子》，说的是河伯开始时自以为了不起，后来见到大海才自愧不如，发出感叹："吾长见笑于大方之家。"这里的"大方"指的是见识广博，懂得大道理，后来这一词语逐渐演变成不吝啬、不拘束、不俗气的形容词。一个见识广、善于学习的人，才能适应各种环境，才能在待人接物、处理各种人际关系时显得落落大方。

所以，在很多时候，一个人只要言辞谦恭，语言得体，就会使人感到他有教养，会让人愉悦，甚至会使人肃然起敬。高尚的品德一旦与不雅的言辞连在一起，同样会使人生厌。所以，在日常生活中一定要注重礼节和礼貌，注重优雅的言行，从而使社会交往过程更加轻松愉快，也有助于个人形象的提升。

交谈是友好交往的基础

在生活和工作中，我们有时需要在相对正规的场合与人交谈，这不同于和几个熟人或邻居闲聊或"神侃"。交谈是在一定场合研究问题、交换意见或达成某种协议的谈判，交谈双方是平等的。交谈时不仅讲究谈话的技巧、艺术，更讲究谈话的礼仪。如何与人交谈，表明了一个人的修养和受教育程度。职业不同、身份不同的人，在谈吐上各有其特点，但从礼仪上来说，应该尽量避免言语粗浅，尽可能做到文明礼貌，通过交谈充分展示自己美好的风度。

（1）交谈时要诚恳，不可漫不经心

与人交谈时要谦虚、诚恳，认真倾听对方的谈话，不轻易插话打断对方，眼睛尽可能注视对方。如果需要插话，要先讲"对不起，打断您一下，请您把刚才谈的内容再重复一

立德
立言
立行

下好吗？我没听明白。"在对方谈话时不可心不在焉，精神不振，或做其他事情。比如，有的人一边听对方谈话，一边修指甲，会使对方感觉受到了轻视；有的人听对方谈话时喜欢闭上眼睛，似听非听，还会冷不丁地打断别人的谈话提出问题，给对方造成心理压力，使对方不知所措；有的人在别人谈话时，和身边的人小声议论，说悄悄话，这些都是对谈话人不尊重、不礼貌的表现。

与人交谈时应该尊重对方，让对方把话讲完，切不可表现出不耐烦，让人觉得不受重视，甚至感觉受到冒犯。

（2）交谈时说话要有条理

谈话要讲究方法，尽可能语言流畅、口齿清楚，谈的问题中心突出，简洁明了，逻辑性强，能够让对方听明白。有些人不太注意这方面的要求，想到哪儿说到哪儿，甚至语无伦次，颠三倒四，使听的人不得要领，这在很大程度上是因为这些人不懂得"言不妄发，发自当理"的道理。如果别人听不明白，他就无法理解和回答你的问题。所以，在谈话之前，一定要把需谈的内容想清楚。

（3）交谈时最忌炫耀自己

有的人有意无意利用交际场合炫耀和显示自己，表现为谈起话来没完没了，不给别人开口的机会，谈话时处处显示自己多知多懂、学识渊博，自吹自擂，信口雌黄，高谈阔论，旁若无人，话语中时时流露出为了抬高自己而故意贬低别人的意思。当别人不同意他的某些观点或一些说法时，他就用尖酸刻薄的语言反唇相讥，不给别人留一点情面。其实，这样的人是比较浅薄、无知的，也不会受人欢迎。培根说过："好炫耀的人是明哲之士所轻视的，愚蠢之人所艳羡的，谄佞之人所奉承的，同时他们也是自己所夸耀的语言的奴隶。"这样的交谈往往会不欢而散。因此，应该极力避免在交谈时炫耀自己。

（4）交谈时避免冷落别人

在多人交谈时，注意照顾到每一个人，不冷落别人，是必要的礼节。

交谈时要以诚恳为前提，通过亲切、朴实的语言和文雅的举止，达到人与人之间的相互理解和信任，建立和谐、平

等的人际关系，从而有助于合作的成功。

在生活中要建立融洽的人际关系，必须经常与他人相互交流。而要做到相互理解，除了相互帮助、相互谅解之外，得体、恰当的语言也是非常重要的。许多争吵甚至发生在平素关系非常密切的朋友之间，很大一部分原因就是有的人说话不讲艺术，使对方产生误解，以致造成彼此间的隔阂。那么，在日常生活中，交谈时应该注意些什么，才能表现得比较得体呢？

①要注意对方的年龄

对年长的人，最好谦虚些，当然，尊敬是最基本的要求。年长的人往往经验丰富得多。与其谈话，切不可嘲笑其"老生常谈"、"老掉牙"，而是应该持尊重的态度，即使自己不认为对方的观点，正确也要注意聆听，而后再提出自己的意见。

对于年长的人，最好不要轻易问他们的年龄，因为有些人往往很忌讳这一点，会使他们感到难堪和颓丧。所以，在与年长的人谈话时，不必提到他的年龄，只需去称赞他所干的事情，这样你的话一定会温暖他的心，使他感到自己还年轻，还很有活力。

对于年龄相仿的人，态度可以稍微随便些，但也应该注意分寸，不可出言不逊，伤人自尊。在与同自己年龄相仿的异性说话时，要尤其注意，不可乱开玩笑、态度暧昧，以免引起不必要的猜疑。

对于年纪较小的人，也要注意一定的分寸。应该保持慎重、老成的态度。有些年纪较小的人，思想可能太冒进，或知识经验不足，所以与他们谈话时，注意不要对其随声附和。但也不要同他们进行辩论，不要执意坚持自己的意见。只需让他们知道，你希望他们对你有适当的尊敬，希望他们对你保持适当的态度和礼仪。千万不要夸夸其谈，卖弄经验，在自己的知识范围外信口开河。否则，一旦被他们发觉，就会降低对你的信任与尊重。

②要注意对方的地位

有些人和地位高的人谈话时，常有一种自卑感，从而变得木讷口钝，思维迟缓。而有些人却往往走到相反的极端，

即对地位高的人高声快语，显得粗鲁无礼。这两种态度都是不可取的。

与地位高的人谈话，应采取尊敬的态度。一则对方的地位高于你；二则对方的能力、知识、经验、智慧也往往比你强，应该向对方表示敬意。需要注意的是，与地位高的人谈话时，必须保持自己的独立思想，不要做"应声虫"，使对方认为你唯唯诺诺，没有主见。要以对方的话为主题，倾听时不要插话，而是应该全神贯注。对方让你讲话时，要尽量不离题，态度轻松自然、坦白明朗，回答问题要适当。

与地位较低的人谈话时，不要趾高气扬，而是应该和蔼可亲，庄重有礼，避免用高高在上的态度来同对方谈话。不要以教训的口气滔滔不绝地指责对方，要对其在工作中的成绩加以肯定和赞美，但也不要显得过于亲密。

③要注意对方的性别特征

交谈双方的性别不同，交谈方式亦会有很大不同。同性之间的谈话可以随便些，而和异性交谈时，谈话时就应加以注意。当然，这并不是指要处处设防，步步为营，但起码要承认并尊重"男女有别"。比如，一位女同事，身材肥胖，在对待她时千万不能"胖子，胖子"地乱叫；但如果换成一位男同事，叫他几声"胖子"他可能丝毫不会介意。再比如，新来的同事是个大龄未婚女士，即便你是为了关心她起见，也不能直接问她："××，你多大了？"

女性与男性讲话，态度要庄重大方，温和端庄，切不可搔首弄姿，过于轻浮。男性在女性面前，往往喜欢夸夸其谈，谈自己的冒险经历，谈自己的事业及自己的好恶，更喜欢发表自己的意见，让听者感到惊奇与钦佩，这时，女性可以当一个倾听者。但是，如果对方令你感觉难以忍受，那么可以巧妙地打断他的话或干脆直截了当地告诉他："对不起，我还有事。"

④要注意对方的语言习惯

我国地域广阔，方言、习俗各异。一个规模较大的单位，不可能只由本地人组成，一定还会有来自全国各地的同事，所以在交谈时要特别注意这点。不同的地方，语言习惯不同，你自己认为很合适的语言，在有的同事听来，可能会觉

得很刺耳，甚至认为你是在侮辱他。

小齐来自西北某地，小秦是北京人。一次，两人在业余时间闲聊，聊得正起劲，小齐看见小秦头发有点儿长了，就随口说了一句："你头上毛长了，该理一理了。"不料小秦听后勃然大怒："你的毛才长了呢！"结果两人不欢而散。

毫无疑问，问题就出在小齐的一个"毛"字上。小齐那个地方的人都管头发叫"头毛"，小齐刚来北京时间不长，说话时还带着方言，因此把"毛"不自觉地说了出来。北京人却把"毛"看作是一种侮辱性的骂人的话，无怪乎小秦要勃然大怒了。

比如，北方称老年男子叫老先生，但在南方某些地方的人听来，就会以为是侮辱他；有些地方的人称朋友的母亲为老太婆，是一种尊称，而在其他一些地方，称朋友的母亲为老太婆简直就是在骂人了。可见，各地的风俗不同，说话时的忌讳各异。所以，在与别人交谈的过程中，必须留心对方的"忌讳"之言。否则一不留心，"忌讳"之言脱口而出，最易伤害彼此间的感情。即使对方知道你不懂得他的忌讳，觉得情有可原，但你还是冒犯了他，这对双方的友谊是不会有好处的，因此应该特别留心。

⑤要注意对方与自己的亲疏关系

与人交谈时，倘若对方不是相知很深的朋友，你也无所顾忌地畅所欲言，那么，对方会是什么反应呢？如果你说的话属于你的私生活，对方会愿意听么？如果彼此关系较浅，交情不深，你与之深谈，会显得你没有修养；如果你说的话是关于对方的，而你不是他的净友，虽然忠言逆耳，但会显得你冒昧。

因此，要同他人友好相处，谈话时就必须注意对方与自己的亲疏关系。对关系不深的人，大可海阔天空地闲聊胡侃；对于个人的私事则不谈为好，但这并不等于对任何事都要遮遮掩掩，只说些不痛不痒的场面话。如果是交情匪浅的朋友，则可以深入地交流思想，促膝谈心，替对方出出主意，排忧解难，这样可以增进彼此的团结与友谊。

言语中有分寸，礼貌中显尊重

只有尊重他人，才能得到他人的尊重。有这样一句格言："你希望别人怎样对待你，你就应该怎样对待别人。"

要体现对人的尊重，首先就要在言语中把握好分寸，不能口无遮拦地想说什么就说什么。比如，在交谈中，不要轻易否定别人的意见，不要把自己的观点强加于人，也不要盲目地随声附和；不能不负责任地传播有损别人名誉的流言蜚语，不能拿别人的某些生理缺陷开玩笑，不能给别人乱起外号，等等。

为了使彼此之间的交往更加愉快，必须在说话时注意如下几点：

（1）避免恶语伤人

恶语就是污秽、奚落、挖苦、刻薄、侮辱一类的言语。

这些言语是极不文明、极不礼貌的。如果在社交活动中口出恶语，不但伤害他人的感情，而且有损自身形象，会使自己成为不受欢迎的人。

要在社交活动中避免恶语伤人，应该从以下几个方面努力：

一是三思而言。在与人交谈的过程中，要冷静思考，每说一句话都应经过仔细衡量，避免因不假思索而出口不逊。

二是控制情绪。恶语往往出现在盛怒之下。因此，要避免恶语的出现，就应该做到及时控制自己的愤怒情绪。

三是善于沟通。恶语有时是在双方产生误解或矛盾的情况下出现的，因此，要避免恶语，就要彼此间进行沟通，消除双方的误解。

（2）不要飞短流长

飞短流长，即评论他人的好坏是非，甚至造谣生事，这也是社交中的大忌。私下议论别人是非的做法，不利于团结，还会伤害到双方之间的感情。因此，在社会交往中要注意以下几点：

一是不乱猜测。在日常生活和工作中，有些人总爱捕风捉影，无事生非。这样就无端制造出了很多人与人之间的矛盾，不利于人与人之间正常交往的顺利进行。所以不要随意猜测，制造事端。

二是不问他人隐私。朋友之间应该坦诚相待，但这并不等于个人全然没有秘密，必须把自己的一切公之于众。每个人都有自己的隐私，这种隐私应该受到尊重和保护。到处刺探别人的隐私的行为是不道德的。

三是不幸灾乐祸。人非圣贤，孰能无过？一个人在工作和生活中出现差错或过失是在所难免的。对待别人的错误不能幸灾乐祸，而应积极相助，为其指点迷津。

（3）不可乱开玩笑

与人交往时，开玩笑并不是不可以，但玩笑要开得适当。那么，如何开玩笑才是适当的呢？下面是一些可供借鉴的方法：

一是选择合适的对象。并不是所有人都愿意别人跟自己开玩笑。每个人都有不同的习惯和性格，有些人喜欢开玩笑，有些人则反感开玩笑。开玩笑时要注意对象，最好不要在长辈、上司和女性面前随便开玩笑。长辈和上司在晚辈和下属面前多数愿意保持严肃，并希望晚辈和下属对自己保持尊重。他们往往会把晚辈和下属的玩笑看作对自己权威的挑衅和轻慢。女性比较敏感，而且对玩笑的理解和男性存在差异，有些男性能够接受得了的玩笑，对于女性来说却有可能难以接受。所以，开玩笑时要选择合适的对象。

其次，选择适当的场合。有些场合是不宜开玩笑的。譬如，当对方心情极坏的时候，对方根本没有听笑话的心情，所以这时不要跟他们开玩笑；在庄重严肃的场合，也不应该开玩笑，比如在丧葬仪式上。

最后，选择合适的内容。有些人喜欢开一些低级下流的玩笑，这种玩笑庸俗无聊，不但有损自己的形象，对于周围的人来说可能也是一种侮辱。所以，开玩笑时要注意内容。

（4）不要因过度表现而言谈不慎，使他人的自尊心受到伤害

也许你与朋友无话不谈，十分投机，所以你觉得彼此之

间可以无所顾忌。也许你的才学、相貌、家庭、前途等令人
羡慕，高出你的朋友，所以你常常会不分场合，在与朋友谈
话时大露锋芒，不由自主地流露出一种优越感。这样久了，
会使对方觉得你是在居高临下地对他说话，是在有意炫耀、
抬高自己，对方的自尊心会受到伤害，进而对你敬而远之。
所以，在与朋友交往时，要注意言辞，态度谦逊，把自己放
在与对方对等的位置上，真诚待人。

尊重他人的隐私，不进入他人"禁区"

每个人都希望拥有自己的一片小天地，如果言语之间过于随便，就容易侵入他人的"禁区"，从而引起隔阂或冲突。比如，一意追问对方深藏心底的不愿启齿的秘密；一味探听对方秘而不宣的私事；穷追不舍地打听对方的经济状况、工资水平，凡此种种，都是不尊重他人隐私的表现。偶然疏忽，可以理解，可以宽容，可以忍受，但长此以往，必生间隙，会导致别人疏远或厌恶你，你和朋友之间的友谊也会破裂。因此，言辞之间应有分寸，一定要尊重对方的个人隐私。

一天，刚参加工作不久的小郭被派去外地出差。在卧铺车厢内，她碰到了一位广东姑娘。由于对方先向小郭打了一个招呼，她觉得不与人家寒暄几句实在显得不够友善，于是

便大大方方地与对方聊了起来。

在交谈之中，小郭有点儿没话找话地询问对方："你今年多大岁数呢？"不料对方答非所问地予以搪塞："你猜猜看。"小郭觉得没趣，转而又问："到了你这个岁数，你一定结婚了吧？"这一回，那位广东姑娘的反应更出乎她的意料：对方竟然转过头去，再也不搭理她了。一直到下车，她们两个人再也没有说过一句话。

小郭与那位广东姑娘话不投机，不欢而散，主要是因为小郭在交谈中向对方提出的问题涉及了比较敏感的个人隐私。

所谓个人隐私，简单地说，指的是一个人出于个人尊严和其他某些方面的考虑，不愿意公开、不希望外人了解或打听的个人秘密、私人事宜。在现代交往中，人们越来越讲究尊重个人隐私，并且将尊重个人隐私与否视为一个人在待人接物方面有没有教养、能不能尊重和体谅交往对象的重要标志之一。

在人际交往中，务必严格遵守"尊重他人隐私"这一基本礼仪。也就是说，在与人打交道时，一定要充分尊重对方的个人隐私权。进而言之，在言谈话语中，对于涉及对方个人隐私的一切问题，都应该自觉地、有意识地予以回避。千万不要自以为是，在闲聊交谈时信口开河，甚至为了满足自己的好奇心，不管对方如何反应，都依然故我，"打破砂锅问到底"。这样的话，极有可能会令对方感到不快，甚至还会损害双方之间的关系。

在与不太熟悉的人交谈时，应当有所不为，对于属于个人隐私方面的话题，尽量不要涉及。一般而言，下列几个方面的私人问题常被视为个人隐私，一定要在谈话中注意。

（1）不谈"收入支出"

在现代社会，人们普遍认为：一个人的实际收入，与其个人能力和实际地位存在着直接的因果关系。所以，个人收入的多寡，常常被人们看作自己的"脸面"，十分忌讳他人进行直接或间接的打听。除去工薪收入之外，那些可以反映个人经济状况的问题，例如，纳税数额、银行存款、股票收

益、私宅面积、汽车型号、服饰品牌、娱乐方式等等，因与个人收入相关，所以在与不太熟悉的人交谈时也不宜提及。

（2）不谈年龄大小

在现代社会，尤其是在国外，人们普遍将自己的实际年龄当作"核心机密"，轻易不会告之于人。这主要是因为，人们一般都希望自己永远年轻，而对于"老"字则讳莫如深。中国人听起来非常顺耳的"老人家"、"老先生"、"老夫人"这一类尊称，在外国人听起来却不是那么礼貌。特别是外国女性，最不希望外人了解自己的实际年龄。所以在国外，有这么一种说法：一位真正的绅士，应当永远"记住女士的生日，忘却女士的年龄"。

（3）不谈恋爱、婚姻之事

中国人习惯于对亲友、晚辈的恋爱、婚姻、家庭生活时时牵挂于心，但是绝大多数外国人对此不以为然。他们认为，让一个人面对交往不深的朋友，去老老实实地交代自己"有没有恋人"、"两人是怎么结识的"、"跟恋人相处多久了"、"结婚了没有"、"夫妻关系怎么样"、"婆媳关系如何"、"有没有孩子"、"为什么还不找对象"、"为什么还不结婚"、"为什么还不生孩子"等问题，不仅不会令人愉快，反而会让人难堪。

在一些国家，与异性谈论此类问题，极有可能会被对方视为无聊之至，甚至还会因此而被对方控告为"性骚扰"，"吃上"官司。所以，关于恋爱、婚姻之类的个人隐私，在交谈中也要尽量避免。

不犯 "比别人正确的错误"

优雅的风度在很大程度上源于一个人谦恭有礼的态度，也反映出一个人内在的良好品格，也就是说，一个人外在的言行举止是其内在品性的表现，反映出一个人的思想、教养、性格以及习惯。

安德鲁·卡内基是美国的钢铁大王，他白手起家，最初既无资本，又无钢铁方面的专业知识和技术，却最终成为举世闻名的钢铁巨子。这其中充满神奇的色彩，使许多人迷惑不解。

有一位记者好不容易得到了采访卡内基的机会，他迫不及待地开口问道："您在钢铁事业上的成就是公认的，您一定是世界上最伟大的炼钢专家吧?"

卡内基哈哈大笑着回答："记者先生，您错了，在炼钢知识方面比我强的人，光是我们公司，就有两百多位呢！"

记者诧异道："那为什么您是钢铁大王？您有什么特殊的本领？"

卡内基说："因为我知道如何鼓励他们，如何使他们发挥所长，为公司效力。"

事实的确如此，卡内基创建的钢铁事业是凭借着他一套有效发挥员工所长的办法才取得发展的：卡内基的钢铁厂起初因产量上不去，效益甚差。卡内基果断地以 100 万美元年薪，聘请查理·斯瓦伯为其钢铁厂的总裁。斯瓦伯走马上任后，激励日夜班工人进行产量进度竞赛，使得钢铁厂的生产情况迅速得到改善，产量大大提高，卡内基也从此逐步走向钢铁大王的"宝座"。

可见，卡内基是十分有智慧的，如果他自命为最伟大的炼钢专家，那么，必定会导致一些水平与其不相上下的专家不肯为他效力，而卡内基本人就不会取得如此大的成就，人们也不会如此敬仰卡内基了。

但是，在现实生活中，经常有些处世经验不足的年轻人

会犯"比别人正确的错误"。

一位年轻的纽约律师曾参加一个重要案子的辩论,这个案子牵涉到一大笔钱和一项重要的法律问题。在辩论中,一位最高法院的法官问年轻的律师:"海事法追诉期限是6年,对吗?"

律师愣了一下,看了看法官,然后率直地说:"不。庭长,海事法没有追诉期限。"

这位律师后来对别人说:"当时,法庭内立刻静默下来,似乎连气温也降到了冰点。虽然我是对的,他错了,我也如实地指了出来,但他没有因此而高兴,反而脸色铁青,令人望而生畏。尽管法律站在我这边,但我却铸成了一个大错——居然当众指出一位声望卓著、学识丰富的人的错误。"

这位律师确实犯了一个"比别人正确的错误"。有时候,在指出别人错误的时候,应该做得更"高明"一些。

罗宾森教授在《下决心的过程》一书中说过这样一段富有启示性的话:"人,有时会很自然地改变自己的想法,但是如果有人说他错了,他就会恼火,反而更加固执己见。

人，有时也会毫无根据地形成自己的想法，但是如果有人不同意他的想法，那反而会使他全心全意地去维护自己的想法。不是那些想法本身多么珍贵，而是他的自尊心受到了威胁……"

英国19世纪政治家查士德斐尔爵士曾这样教导他的儿子："要比别人聪明，但不要告诉人家你比他更聪明。"

苏格拉底在雅典也一再地告诫他的门徒："你只需知道一件事，就是你一无所知。"

上述这些话都说明了这么一个道理：人要虚心、低调，不要自诩优越。

一位著名的西方学者提醒我们，永远不要说这样的话："看着吧！你会知道谁是谁非的。"这等于说："我会使你改变看法，我比你更聪明。"这实际上是对对方的一种挑战，在你还没有开始证明对方的错误之前，他已经准备迎战了。这样无疑会给你自己增加很多困难。

如果你采取这种方式指出别人的错误：一个蔑视的眼神，一种不满的腔调，一个不耐烦的手势，都有可能带来难

堪的后果。你认为对方会同意你所指出的错误吗？在很大程度上不会。因为你否定了他的智慧和判断力，打击了他的荣耀和自尊心，还伤害了他的感情。他非但不会改变自己的看法，还可能进行"反击"。所以，在指出别人的错误时必须讲求方式，尽量委婉，给别人留足"面子"。

法国哲学家罗西法古说："如果你要得到仇人，就表现得比你的朋友优越吧；如果你要得到朋友，就要让你的朋友表现得比你优越。"

为什么？因为当我们的朋友表现得比我们优越时，他们就有了一种自己很重要的感觉；但是当我们表现得比他们优越时，他们会产生一种自卑感，甚至引发嫉妒之心。

纽约市中区人事局最有人缘的工作介绍顾问是亨丽塔，但是以前她并不是这样。

在初到人事局的前几个月，亨丽塔在她的同事之中连一个朋友都没有。为什么呢？因为她每天都使劲吹嘘自己在工作介绍方面的成绩、新开的存款户头，以及所做的每一件事情。

"我工作做得不错，并且深以为傲，"亨丽塔说，"但是我的同事不但为我的成绩叫好，而且还极不高兴。我渴望这些人能够喜欢我，我真的很希望他们成为我的朋友。在听了卡耐基课程提出来的一些建议后，我开始少谈我自己而多听同事说话。他们也有很多事情要讲，把他们的成就告诉我，比听我吹嘘更令他们兴奋。现在当我们有时间在一起闲聊的时候，我就请他们把他们的欢乐告诉我，和我分享，而只在他们问我的时候我才说一下我自己的成就。"

　　由此可见，对于自己的成就要轻描淡写，谦虚待之，这样的话，你一定会受到众人的欢迎。

用心倾听对方的心声，能博得他人的信任和好感

有人认为口若悬河、滔滔不绝是一种好口才，但好口才绝不止这些。有时，用心倾听对方讲话也是好口才的一种体现。你如果希望成为一个善于谈话的人，那就要先做一个愿意倾听的人。一位著名的学者指出：善于倾听别人的心声，是真诚对待别人的一个重要方面。

在事业上有所成就的杰出人物，往往善于倾听他人的意见，而那些善于倾听他人意见的人，总是宾客盈门、朋友众多，因为人们大多喜欢与尊重他人、平易近人的人交往。你如果想成为一位善于交谈的人，你就应当先成为一位善于专心听别人讲话、鼓励别人多谈他们自己的成就的人。

你认真地去倾听对方的讲话，就会使对方知道，你是把

他们当作感兴趣的人来看待的，这样会缩短你们之间的距离。当对方因为你的倾听而得到鼓励时，不仅讲述了他所愿意讲的事，同时也很容易接受你的情感。而且，在认真倾听对方讲话时，你也可以从对方的讲话中得到知识，增长智慧。

有一次，戴尔·卡耐基在纽约书籍出版商齐·马·格林伯格举行的晚宴上结识了一位著名的植物学家。卡耐基之前从来没有和植物学家交谈过。后来，卡耐基写下了这次交谈的经历：

"我发现此人非常有魅力。老实说，我是恭恭敬敬地坐在椅子上听他讲述印度大麻和室内园艺的。他还跟我讲了关于那些不值一提的土豆的事。我自己也有一个小小的家庭苗圃——他还善意地指导我如何解决我遇到的一些问题。正如我所说的，我们是在参加一个晚宴，那里有几十位客人，但是我违背了所有的客套礼俗，对其他客人好像视而不见，只是一个劲地同那位植物学家交谈，一连谈了好几个小时。

"午夜来临，我同所有的客人道了晚安之后就离开了。那位植物学家转过身去对主人说了几句恭维我的话，说我

'最富于魅力'，他说今晚和我聊得很好，度过了一个愉快的晚上。"

卡耐基后来回忆说："天哪！我几乎什么都没有说。"

一个在好几个小时内几乎什么话都没有说的人，竟然会成为很投机的交谈伙伴，实在出人意料，但又在情理之中。在植物学家看来，卡耐基是把他当作意气相投的朋友；而在卡耐基看来，自己只是一名忠实的听众，只是不断地鼓励对方说话。卡耐基告诉那位植物学家，他受到了极好的款待和极大的收获——事实上也是如此，他希望从植物学家那里获得知识。

用心倾听对方谈话，有时会很容易地得到对方的信任和好感。善于倾听会使对方心情愉快，会换来对方的理解和信任，会使对方吐露出内心的苦恼或喜悦，最重要的是，它还能使对方感觉到自身价值的存在。俗话说："会说的不如会听的。"只有善于倾听他人谈话的人，才能更准确地把握谈话者的意思、流露的情绪、传达的信息，从而更好地促使双方之间的沟通、交流。

说话时要态度真诚，待人要谦和

真诚待人、平等尊重，是人与人之间友好相处的基础。任何人、任何事都不可能尽善尽美、尽如人意，要善于发现别人的长处，真诚待人，以宽容的态度与人相处。每个人都会有不顺心的时候，善于克制自己的情绪，约束自己的行为，在别人产生消极行为和情绪时能予以谅解，这也是有教养的一种表现。

其实，能否与人友好相处，主要取决于自己是否抱持正确的态度。

众所周知，美国第 16 任总统林肯是世界上最伟大的成功者之一，但很多人可能有所不知，林肯后来的成功的原因有很大一部分在于他深刻地吸取了恣意批评别人和得罪别人的教训。

林肯在年轻的时候，不仅总是批评别人，还写信作诗揶揄别人。林肯在伊州春田镇当律师的时候，甚至写信给报社，公开攻击他的对手。

1842 年秋天，林肯取笑了一位名叫詹姆斯·史尔兹的爱尔兰人。史尔兹自负而好斗，于是，林肯在《春田时报》刊登了一封未署名的信，大肆讥讽了他一番，令镇上的人都捧腹大笑。史尔兹是个敏感而骄傲的人，被气得怒火中烧。史尔兹查出了写那封信的人是谁之后，立即跳上马，去找林肯，跟他提出决斗。林肯历来反对决斗，但是为了颜面又不得不决斗。史尔兹给了他选择武器的自由。林肯的双臂很长，于是他选择了骑兵的长剑，并跟一名西点军校的毕业生学习舞剑。

决斗那天，林肯和史尔兹在密西西比河的沙滩碰头，准备决斗至死为止；但是，在即将决斗的最后一分钟，他们的助手阻止了这场决斗。

这是林肯一生中最恐怖的私人事件。在做人的艺术方面，他学到了无价的一课。后来，林肯决定采取谦卑的态度去对待别人，再没有写过一封侮辱人的信件，也不再取笑任何人了。从那时候起，他几乎没有为任何事批评过任何人。他最喜欢引用的句子是："不要评议别人，别人才不会评议你。"

南北战争的时候，一次又一次，林肯任命新的将军统御波多麦之军，而每一个将军——麦克里蓝、波普、伯恩基、胡克尔、格兰特……都相继惨败，使得林肯只能失望地踱步。全国有一半的人都在痛骂那些"差劲"的将军们，但林肯一声也不吭。

当林肯太太和其他人对南方人士有所非议的时候，林肯回答说："不要批评他们；如果我们处在同样的情况之下，也会跟他们一样。"

林肯谦和待人，所以最终赢得了人们的尊重，取得了巨大的成功。

在生活中采取谦卑的态度，把自己摆在和别人平等的位置上，不故作姿态，不自以为是，不对别人品头论足，不说三道四，不指手画脚，始终保持与对方平等的姿态说话、办

事，会让人觉得你有教养、尊重他人，这样才会有可能与别人保持友好关系，有助于做好自己的工作和事业。

当然，每个人都有自己的个性、爱好、追求和生活方式，各自的教养、文化水平、生活经历有所区别，不可能也没有必要处处与其所处的群体完全合拍。但是，我们必须懂得，任何一项事业的成功，都不可能仅仅依靠一个人的力量，谁也不愿意成为群体中的"破坏因素"，不愿意"孤军作战"。一个有修养的、集体感强的人，能够以自己适当的情绪、自然的语言、得体的表达方式和善意的态度去感染、吸引和帮助别人，使彼此之间的关系更和气、更融洽。

求同存异，避免发生争论、吵闹

在日常生活中，吵闹、争论是常有之事，而且，十之八九，吵闹、争论的结果是使双方比之前更相信自己绝对正确。人赢不了吵闹、争论。输了的，自是输了；赢了的，还是输了。为什么？因为你的胜利使对方的论点被攻击得"千疮百孔"，你使对方自惭，你伤了对方的自尊，你也可能会招致对方的怨恨。

拿破仑的家务总管康斯丹在《拿破仑私生活拾遗》中写道，拿破仑在和约瑟芬打桌球时曾说："虽然我的技术不错，但我总是让她赢，这样她就非常高兴。"

一位著名的学者指出：普天之下，只有一个办法可以从争论中获得好处——避开争论。因为十次中有九次，争论的结果是使争执的双方更坚信自己绝对正确。不必要的争论，

不仅会使人失去朋友，还会浪费人大量的时间。

坦诚待人不等于凡事都亮明自己的观点，非辩出个你是我非不可。实际上，许多事情不是那么容易用经验加以检验的。如果你一听到与你相左的意见就发怒，这就表明，你已经下意识地感觉你的看法没有充分的依据。最激烈的争论，往往是那些双方都提不出充分依据的问题的争论。

林肯早年因出言尖刻而几至与人决斗。随着年岁渐增，他亦日趋成熟，在非原则问题上总是避免和他人发生冲突，他曾说："宁可给一条狗让路，也比和它争吵而被它咬一口好。被它咬了一口，即使把狗杀掉，也无济于事。"我们在遇到某些不讲理的人时，如果不存在大是大非的问题，就应该向林肯学习，避免和其发生冲突。

你如果仔细观察一下的话，就会发现，那些与他人相处不融洽的人往往喜欢仅仅为了争论而争论——挑起争端，或者与人"抬杠"。那些自以为观点高明的人也许会想，此刻朋友和同事会对他们的机敏与智慧留下深刻的印象。但是事实恰恰相反，这样的做法只会让人反感，甚至引发激烈的冲突。美国众议院著名发言人萨姆·雷伯说道："如果你想与别人融洽相处，那就多多附和别人吧。"这不是说你必须同意别人所说的一切；而是说，你不可能一方面无休止地激怒别人，另一方面又指望着别人来帮助你。不要把时间花费在无休止的争论上，否则的话，你会被其他好争辩的人所包围。

在企业界，知名的潘恩互人寿保险公司在营销中立下了一项铁律："不要争论。"因为，真正的营销精神不是与顾客争论，而是以质优价廉的产品打动顾客。

所以，在与人交往时，要尽量避免发生争论。在你想要争论、想要驳斥对方的时候，首先要想一想自己的证据能否站住脚，自己的想法是否片面。如果能以这种"求同存异、有容乃大"的胸怀与人相处，你的朋友一定会多过你的对手。

审慎对待不同意见

在生活中，我们完全没有必要浪费太多的时间与精力去干那种没有结果也毫无意义的事情，比如"脸红脖子粗"地与人一定要争个高下。避免争论可以节省我们大量的时间与精力。少了令人面红耳赤的争论，会让双方的关系更加融洽，从而增进友谊，促进思想的交流。

在日常生活中，说话前要格外注意，不要步入误区，与人发生矛盾与冲突。为了避免争论，大致可以从以下几个方面加以注意：

（1）对不同的意见进行选择

当你与别人的意见始终不能统一的时候，就要进行选择，舍弃其中不能统一的部分。人的脑力是有限的，不可能每个方面都想得很周到，而别人的意见可能是从另外一种角度提出的，总有些可取之处，甚至比自己的更好。这时你就应该冷静地思考，或两者互补，或"择其善者而从之"。如果采取了别人的意见，就应该衷心感谢对方，因为此意见有可能使你避开了一个重大的错误，甚至奠定了你成功的基础。

（2）要认识到直觉是不可靠的

大多数人都不愿意听到与自己不同的意见。如果每当别人提出与你不同的意见时，你的第一个反应总是要自卫，为自己的意见进行辩护并去竭力地找根据，这种做法其实是完全没有必要的。这时你要平心静气、公平谨慎地对待几种观点（包括你自己的），并时刻提防你的直觉（自卫意识）对你做出正确抉择的影响。有的人脾气不大好，听不得反对意见，否则就会变得暴躁起来。这样的人应学会控制自己的脾气，认真倾听别人的观点。

（3）认真倾听为上策

当对方提出一个不同的观点时，你不能只听一点就打断对方。要让别人有说话的机会，一是尊重对方，二是让自己

更多地了解对方的观点，以便判断此观点是否可取。要努力搭建相互了解的桥梁，使双方都完全明白对方的意思，避免造成误解。

一位先生与他的太太生活了50年之久而没有过任何争吵。他说："我太太和我订过一个协议——当一个人大吼的时候，另一个人就静听。"

这就是卡耐基教给我们的交际"战术"：永远避免争吵，倾听为上策。

（4）审慎地对待别人的意见

在听完对方的话后，首先要去找你同意的部分，看其是否与自己的观点有相同之处。如果对方提出的观点是正确的，你就应该放弃自己的观点，考虑采取对方的意见。这时，如果你一味地坚持己见，只会使自己处于尴尬境地，照此下去，你只会铸成大错。所以，为了避免出现这种情况，最好给自己一点时间，把问题考虑清楚，而不要陷于争论之中不可自拔。当双方意见不同时，应进行反思：别人的意见有没有可能是对的？或者部分是对的？他们的立场或理由有没有道理？自己的反应到底是在减轻问题还是在减轻挫折感？自己的反应会使对方远离自己还是亲近自己？自己的观点会不会提高别人对自己的评价？如果自己不提出意见，别人的意见是否会对自己不利？自己撤回意见，是不是会令整个计划失败？多问一下自己，也许就会找到解决的办法。

（5）要有虚怀若谷的心胸

如果对方的观点是正确的，你就应该积极地采纳，并主动指出自己观点的不足和错误之处。要明白，对方既然表达了不同的意见，那就表明他对这件事情与你一样关心。因而，不能因为他们提出了不同的意见就将其当作"敌人"，反而应该感谢他们的关心和帮助，这样，也许本来反对你的人也会变成你的朋友。

（6）与人交往要"仁厚"而非"正确"

在生活中，你有很多机会去"纠正"某人，既可在人前进行，也可在私下进行。但是，要注意，所有这些都会使别人感到不舒服，而且在此过程中你自己也会不舒服。因为你

从内心里知道，以否定别人为代价的说服是不可能感觉良好的。

　　要想成为一个平静和气的人，你必须在大部分时间里选择"仁厚"而非"正确"。在你下次同别人谈话时，不妨试一试。

容纳别人的观点，不要自以为是

容纳别人的观点并不是一件容易做到的事情，它要求我们首先把自己的心胸"打开"。

著名物理学家玻尔认为，如果你把两种对立的思想结合在一起，你的思想就会暂时处在一个不定的状态，这种思想的"悬念"会使大脑活跃起来并创造出一种新的思维方式。对立的思想的"纠结缠绕"为新的观点的奔涌而出创造了条件，再进一步，你的思想也就发展到了一个新的水平。

我们要想更好地与人相处并从这种相处中获得更多的益处，就必须具有开放性，认识到人们的不同观点是克服主观、武断之妙法。

如果你觉得那些不同的观点是缺乏理智、蛮横无理、令

人厌恶的,你就得提醒自己:在持有那些不同观点的人的眼中,你或许也是如此。这对我们搞好人际关系是十分重要的。

但是,常常自以为是是很多人的"通病"。要想避免这种"通病",与他人和谐相处,需要遵循以下几个简单的原则:

(1)尽量站在对方的立场上去看问题

摆脱某些自以为是的武断看法的最好办法就是设法了解一下你所在的社会"圈子"中不同的人所持有的种种看法,并尽量站在对方的立场上去看问题。

富兰克林年轻时在法、德、意等国住过很长时间,并和各种各样的人接触,他觉得这对削弱狭隘的偏见很有好处。你即使不一定外出旅行,也要设法和一些持不同见解的人打交道。如果你认为有的人是乖张的,甚至是可恶的,这时你不应该忘记,也许在人家看来你也是这样的,双方的这种看法可能都是对的,但不可能都是错。这样想一下,你应该就能够变得慎重一些。

（2）从事物的另一方面与自己的偏见"辩论"

如果你对某个事物怀有偏见，一个好办法便是设想一下自己在与一个怀有不同偏见的人进行辩论。

圣雄甘地对铁路、轮船和机器深表反感，在他看来，整个产业革命都没有必要。也许你永远没有机会真的遇见一个抱有这种见解的人，因为大多数人都把现代技术的种种好处视为理所当然。但是，如果你想证实你自己的看法是正确的，那么，一个好办法就是，设想一下甘地为了反驳现代技术的种种好处而可能提出的论据，从而检验一下你自己的论据。

有时，你或许会因为这种想象性对话而改变自己原来的看法；即使没有改变原来的看法，你也会因为认识到假想的论敌有可能很有道理，而变得不再那么自以为是。

（3）对于那些容易助长你狂妄自大"气焰"的意见尤要提防

人性的弱点让我们有自以为是的天性，自尊心使很多人都看不到自己的狂妄。

富兰克林在自传中说："我立下一条规矩，决不正面反对别人的意见，也不让自己武断。我甚至不准自己在文字上或语言上表达过分肯定的意见。我决不用'当然'、'无疑'这类词，而是用'我想'、'我假设'或'我想象'。当有人向我陈述一件我所不以为然的事情时，我决不立刻驳斥他，或立即指出他的错误；我会在回答的时候，表示在某些条件和情况下他的意见没有错，但目前来看好像稍有不同。这样做了之后，我很快就看见了收获。凡是我参与的谈话，气氛变得融洽多了。我以谦虚的态度表达自己的意见，不但容易被人接受，冲突也减少了。我最初这么做时，确实感到困难，但久而久之，就养成了习惯，也许，50年来，没有人听我讲过太武断的话。这种习惯使我提交的新法案能够得到同胞的重视。尽管我不善于辞令，更谈不上雄辩，遣词用字也很迟钝，有时还会说错话，但一般来说，我的意见还是得到了广泛的支持。"

在这里，富兰克林显示出他人格成熟的重要标志：宽容、忍让、和善。

人在任何时候都不要骄傲地夸口。尽管可能有某种非凡的能力，也可能取得了一些成绩和进步，从而产生一种满意和喜悦感，这都是人之常情，无可厚非，但如果任由这种"满意"发展为"满足"，任由"喜悦"变为"狂妄"，那就有问题了。这样的话，已经取得的成绩和进步，将不再是通向新胜利的"阶梯"和"起点"，而会成为继续前进的路上的"包袱"和"绊脚石"。

真正有本事、胸怀大志的人会冷静地对待自己取得的成绩，这是一个人的修养达到较高境界的表现。只有那些胸无大志、一知半解的人，才容易骄傲。正如一个有趣的寓言所说的：长颈鹿因为能吃到几米高的树叶而骄傲，而小山羊则因从篱笆缝隙里钻进去吃草而骄傲。人要想在成功的道路上走得既坚定又稳健，必须戒骄戒躁，永不自满。

骄傲自大会对人的发展产生消极影响。骄傲自大的人，常在自己周围树起一道无形的"墙"，形成与外界的"隔膜"，使得自己的心胸变得极其狭窄。这些人往往只满足于眼前取得的成绩，看不到别人的成绩，只会"坐井观天"。

　　骄傲自大的人，很难和周围的人友好相处，因为他们不能做到平等对待他人，而是总以高人一等的姿态对待他人或喜欢指挥他人。骄傲自大的人情绪往往也不稳定，当没有人理睬他们时，他们会感到沮丧；当遭到失败和挫折时，他们又会从骄傲走向悲观、自卑和自暴自弃，否定自己的一切，觉得自己什么都不如别人。

　　所以，人一定要善于容纳别人的观点，摆脱自以为是的毛病，这样才能有利于自己的发展。

换位思考，学会揣摩对方的心思

在生活中，要学会站在对方的角度对问题进行换位思考，然后选择对方最容易接受的方式与之交流，这样会更容易实现融洽的沟通。换位思考，站在对方的角度看问题，就是在你不清楚他人内心的真实想法时，你身临其境地把自己当成对方去设想一下，设身处地地想象一下你自己若是对方会怎么做。人的想法和需求往往是由其身份和所处的环境决定的。进行换位思考，人可以更好地理解对方的需求，从而促成彼此之间的有效沟通。

王老师在课堂上总能用最有效的方式让学生们理解新学的知识。她说："我没有什么秘诀，学生们喜欢听我讲课，是因为他们对我讲的课感兴趣。我总是这样问自己：'如果我是学生，我最希望老师怎么讲课？'我在这个问题的思考

上所花的精力，要比我在熟悉教材、进行备课上所花的精力多得多。"

你是否发现，王老师用了一个词"如果"？如果说王老师讲课有过人之处，那就是他会"站在对方的角度看问题"。我们如果不知道如何使别人感到高兴的话，不妨设想一下："假如我是他，我希望别人怎样做，我才会感到愉快？"我们若是不知道怎样使别人喜欢自己的话，不妨设想一下："如果我是他，我会对什么样的人产生好感呢？"在与人交往时，凡事多问几次"如果我是他，……"，那么我们就不难了解对方的想法了，也会比较容易赢得他人的尊重和好感。

除此之外，不管是在生活中还是在工作中，人都不可避免地会碰到别人给出难题的情况，这时候人也可以站在对方的角度，换位思考如何"以其矛攻其盾"，给对方出乎意料的回击，来轻松化解自己的尴尬。

有一次，英国前首相丘吉尔在访美时，一位反对他的美国女议员对其进行攻击："若我是您的妻子，我就会在您的咖啡里下毒药。"面对这样的挑衅，丘吉尔并没有勃然大怒，而是不露声色地回答说："若我是您的丈夫，我一定会喝下这杯咖啡。"

还有一次，由于在二战期间，丘吉尔曾多次发表演说，主张与苏联共同抵抗德国纳粹的侵略，在记者发布会上，一位记者尖声问道："您为什么要替斯大林说好话？"这个问题涉及两个不同体制的国家，对此，丘吉尔从容地回答说："假如希特勒侵略地狱，我也会为阎王爷说好话的。"

从上述两个例子中能够看出，丘吉尔的高明之处在于他没有直接阐述自己的观点，而是换了个角度思考问题，以巧妙的回答对"攻击者"予以回击，既不失幽默，又耐人寻味。可见，换位思考，可以让自己的说理更为充分、有力，这种解决问题的方式也更有效果。

理解了换位思考的说话艺术，下次，当有人对你大发雷霆而你很难接受，正准备与他争论一番前，不妨在内心问一下自己："我对他生气的原因是什么呢？如果我是他，我会怎么说、怎么做？"这样换位思考之后，也许你就会改变主意。反过来，当你准备因为对方的错误对其严厉指责时，你

最好也先仔细想想：如果换成是我，就一定能比他做得更好吗？一个人若是能够做到换位思考，站在对方的角度看待问题，就能够以更好的方式与别人进行交流，也更能得到别人的认同和尊重。

下篇

立行

今天的习惯决定明天的成败

有人说：习惯可以是一个魔鬼，也可以是一个天使；有人说：习惯正一天天地把我们的生活变成某种定型的"化石"，让我们的心灵逐渐失去自由，成为平静而没有激情的时间之流的"奴隶"；还有人说：习惯领域越大，生命将越自由、越充满活力，成就也会越大。可见，习惯在一个人生活中的作用不可忽视。

成功有时候并非想象中的那么困难，每天都坚持下去，养成一个好习惯，也许成功就指日可待了。养成一个好习惯很容易，难就难在要坚持下去，这需要坚定的信念和不屈的毅力，所以成功的人并不多，也就不足为奇了。

有这么一则谚语："播下一个行动，收获一种习惯；播下一种习惯，收获一种性格；播下一种性格，收获一种命运。"知识、能力固然重要，但好的习惯往往能为你插上成功的翅膀，不经意间就会在成功的道路上助你一臂之力。小到一名普通员工，大到企业的最高领导，都应该养成属于自己的好习惯，每天坚持下去，脚踏实地地干好本职工作，在平凡的岗位上刻苦钻研，严谨认真，一丝不苟，这样一定能够有所成就。

习惯对一个人的一生有极其重要的影响，坏的习惯误人一生，好的习惯则成就好的未来。

有这样一个故事：

有人送给一个人一头牛，这个人满怀希望，开始奋斗。可牛要吃草，人要吃饭，日子难过。于是这人把牛卖了，买了几只羊，吃了一只，剩下的用来生小羊。可小羊迟迟没有生出来，日子又艰难了。这人又把羊卖了，买了鸡回来，想让鸡生蛋赚钱，但是生活并没有改善，最后这人把鸡也杀了，这人的希望也彻底破灭了。

这个故事中的人的悲剧正是在于他没有良好的理财方面的思维习惯。根据某些投资专家说，富有的人成功的秘诀是：没钱时，不管多困难，也不会动用投资和储蓄，因为压力会帮他找到赚钱的新方法，帮他还清账单。而这就是个好习惯，正是这个好习惯在很大程度上决定了一个人的成功。

好习惯可以是一种永不放弃的精神，一种永不服输的勇气，一种即使在最艰难的时候也努力坚持下去的不屈意志。这些好习惯是成功的必备条件。

一位高中橄榄球队的教练试图激励自己的球队度过战绩不佳的困难时期。在赛季过半的时候，他站在队员们面前训话："迈克尔·乔丹放弃过吗？"队员们回答道："没有！"他提高声音问道："怀特兄弟呢，他们放弃过吗？""没有！"队员们再次回答。"那么，埃尔默·威廉姆斯怎么样，他放弃过吗？"队员们长时间地沉默了。终于，一位队员鼓足勇气问道："埃尔默·威廉姆斯是谁呀？我们从来没听说过。"教练不屑地打断了队员的提问："你当然没听说过他——因为他放弃了！"

好习惯中值得重视的还有珍惜时间。在茫茫的历史长河中，我们不足百年的生命就如白驹过隙，仿佛只有刹那的芳

华。然而这个世界上又有那么多的美好等着我们去探索、去努力，我们又有什么理由虚度年华、浪费光阴？

有人说：上帝对人类最公平的两件事之一，就是每个人的一天都只有 24 小时。"一寸光阴一寸金，寸金难买寸光阴。"时间是如此宝贵，每天这 24 小时，要好好管理，好好利用，以求得最大的效用，这对个体和集体而言，都是十分重要的。

好习惯有很多，而且它们都在我们身边。在张宇凡的书《一种习惯》中提到日本人生活起居的习惯：日本人讲求规矩，执行规范，遵守规定：鞋子摆得整整齐齐，车子停得规规矩矩，身边环境干干净净。书中阐述了现代人特别是现代企业员工如何从小事做起、养成良好习惯的过程，以及高素质的员工应该如何实现自我管理、自我约束、自我成长。就是这样一个个好的习惯，构成了一个人最强有力的成功助推器，它们像一个个阶梯，帮助人登上一个又一个巅峰，成就美好的未来。

你是否每天都有明确的目标？你是否每天都安排得井井

有条？你的生活是井然有序还是乱七八糟、混乱不堪，这对于你离成功的远近有着重要的影响。随着时代的发展，愈是在现代化大都市生活的人，形色愈是匆促，日子过得愈是紧张，很多人的时间都被"应该做"和"不得不做"的琐事塞得满满当当，真正想做的事却又找不出空档来，"忙、盲、茫"是他们生活的真实写照。其实，只有保持好的生活习惯，人才能在匆忙中寻找到一丝安逸。

今日的习惯，将决定你明日的命运。改变所有让你不快乐、不成功的习惯模式，那么你的命运也终将改变。所以，我们在生活中一定要多注意自己的行为习惯，对于有利于我们发展的好习惯多加发扬，对于不良的习惯则要尽快改掉。相信我们为之付出努力后，在不久的将来就会有进步、有收获。

克服懒惰，努力追求

无论做什么事情，都要付出劳动，天下没有不劳而获的事。懒惰的人，往往什么事都干不成。

懒惰能让人有片刻的"舒服"，能让人摆脱劳动的"负累"，但是懒惰换来的享乐是暂时的，是昙花一现；只有经过顽强的拼搏得来的收获，才能给人恒久的欢乐。

俗话说：生命在于运动。人的身体本身也要求人不断地活动、不断地运动、不断地劳动。懒惰的人四体不勤，很多疾病也都会"找上"他们。从另外一个方面来看，人活在世上，就要活得有意义，这也是活着的责任。所以人不能有懒惰的心理，不能只顾着自己享乐。

那么，人应该怎么克服懒惰的缺点，为追求成功付出必要的努力呢？如下建议可供参考：

（1）勤奋工作，积极行动

你如果每天无所事事，不思进取，那么只会虚度光阴。机会来自于积极的努力，它从不自动上门。不努力的人，注定一事无成。

（2）时时抓住"现在"，而不是寄希望于"将来"

俗话说：业精于勤而荒于嬉。有的人只想要"小聪明"逃避辛苦的付出，或者抱着自欺欺人的"明天再做"的懈怠心理，这种人注定不会有光明的明天和美好的未来。其实，拖延正是懒惰的典型表现。要想克服懒惰，人要立即行动起来，不要拖延。

（3）成功不是一蹴而就的，成功靠积累，靠循序渐进的努力

别小看小小的付出，今天你一次小小的努力，也许就关系着明天的成功。要记住：春天播种，夏天耕耘，秋天才有收获。你洒下的汗水与你收获的果实是成正比的。

人都有惰性，但只要我们克服懒惰的缺点，成功的彼岸就不会遥远。

主动担当责任，秉持埋头实干的精神

在生活中，一个人如果一如既往地以任劳任怨、埋头实干的态度生活，往往能得到更多的机会。不要看轻任何一项工作，没有人可以一步登天，只有埋头实干，你的人生之路才会越来越宽广。

18 世纪的瑞典化学家舍勒在化学领域做出了杰出的贡献，可是刚开始瑞典国王毫不知情。在一次去欧洲旅行的途中，国王才了解到自己的国家有一位这么优秀的科学家，于是决定授予舍勒一枚勋章。可是，负责发奖的官员孤陋寡闻，又敷衍了事，竟然没有找到那位全欧知名的化学家舍勒，却把勋章发给了一个与舍勒同姓的人。

其实，舍勒就在瑞典一个小镇上当药剂师。他知道国王要给自己发一枚勋章，也知道发错了人，但他只是付诸一笑，只当没有这回事，仍然埋头于化学研究之中。

舍勒在业余时间里用极其简陋的自制设备，发现了氧、氯、氨、氯化氢，以及几十种新元素和化合物。他从酒石中提取酒石酸，并根据实验写了两篇论文，送到斯德哥尔摩科学院。然而，科学院以"格式不合"为由，拒绝发表他的论文。但是舍勒并没有灰心，他在获得了大量研究成果以后，根据实验写成的论文终于与读者见面了。舍勒在32岁那年当选为瑞典科学院院士。

如果我们也有舍勒这种埋头实干、锲而不舍的精神，有在平凡中追求卓越的责任心，那么，成功就会主动向我们"招手"。要知道，在整个社会中，除了一些特殊的人从事特定工作之外，一般人的工作都是很平凡的。虽然是平凡的工作，但只要努力去做，任劳任怨，埋头实干，依然可以做出不平凡的成绩。

那种"大事干不了、小事不愿干"的心理是要不得的。现代社会需要的是能够认真对待每一件事、能够把平凡的工作做到不平凡的埋头实干的人。埋头实干是一种负责任的精

神，一种任劳任怨的生活态度，只有这样，人才能得到更多的机会。

一位曾多次受到公司嘉奖的员工说："我别的长处没有，公司看重的是我埋头实干的精神。"

埋头实干，是一种责任感，一种生活态度。人如果让埋头实干成为一种习惯，就会在工作中不惜付出努力和心血去踏踏实实地做好每件事情。这样的人，必定会得到大家的认同，也必定会走向成功。

成功属于不懈努力的勤奋人

　　人们常常惊异于很多人非同凡响的成就，也爱用"天才"和"灵感"这样的术语去解释他们的成功，认为他们的成功并非都是智力作用的结果。但是，事实并非完全如此。高尔基说："天才就是劳动。"海涅说："人们在那儿高谈阔论着天才和灵感之类的东西，而我却像首饰匠那样地精心地劳动着，把一个个小环非常契合地联结起来。"

　　显然，勤奋不懈的努力是很多人最终取得成功的关键因素，他们在脚踏实地的工作实践中实现了智力的发展，取得了非凡的成就。

　　俗话说："勤能补拙。"有学者曾查阅过世界上53名学者（包括科学家、发明家、理论家）和47名艺术家（包括诗人、文学家、画家）的传记，发现他们有以下共同的人格品质：

勤奋好学，不知疲倦地工作；

为实现理想，勇于克服各种困难；

坚信自己的事业一定能够成功；

争强好胜，有进取心；

对工作有高度的责任感。

可见，卓有成就的人，并非都是智力超群者，他们的成就与其本人主观的不懈努力是分不开的。

丹麦童话作家安徒生家境贫寒。他曾想当演员，但剧团经理嫌他太瘦；他又去拜访一位舞蹈家，结果却被奚落一番，轰了出来。他流浪街头，开始创作童话故事，以顽强的毅力，最终成为世界著名的童话作家。

高尔基在童年时也并未表现出某种天才的特质。刚开始他想当演员，报考时，未被看中；他偷偷地学习写诗，把写下的一大本诗稿送给作家柯洛连科审阅，这位作家看了他的诗稿说："我觉得你的诗很难懂。"高尔基伤心地把稿子烧了。在以后漫长的浪迹生活中，高尔基发愤读书，不断积累社会阅历和人生经验，最终成为蜚声文坛的大文豪。

研究名人的成长道路，可以说几乎没有一个是一帆风顺的。列夫·托尔斯泰写《复活》，持续了 10 年，仅开头的构思就改动了 20 余次。巴尔扎克开始写作诗体悲剧《克伦威尔》和十几篇小说时，无人问津，只好放弃文学创作。他再次拿起笔来已是 29 岁以后。后来，他以每日伏案工作 10 小时以上的惊人毅力，完成了一部又一部巨著。

　　实践告诉我们，成功永远属于那些为了理想付出所有心血的实干家。不愿吃苦、不能吃苦、经常想凭借自己的"小聪明"投机取巧的人，往往会吃苦一辈子。而那些为了既定目标潜心钻研、不懈努力的人，他们的生命一定会迸发出耀眼的光芒。

努力把挫折和逆境变成成功的"垫脚石"

生活中会有很多挫折和逆境，但同时，所有的挫折和逆境都隐藏着成长和发展的"种子"。

阿拉伯有一位著名的驯马师，他驯出来的马甚至被称为"神马"。每天早上，驯马师都会指挥一群马绕着圈子跑，这其中有雄健的大马，也有很小的幼马。驯马师的助手则一边呵斥着马，一边抓着马鞍左右跳跃，看起来活像马戏团的特技表演。到了中午，沙漠的太阳正毒，驯马师却和他的助手骑马向沙漠深处奔去。下午4点，当他们返回时，人们才发现他们每人手上都拿着一把弯刀，仿佛出征归来的样子。有人问驯马师："你为什么要让那么多马绕圈子呢？"驯马师说："因为我在教那些小马，让它们跟在大马身后，学习听口令和顺服，没有大马的带领，小马是很难教的。如果我是老师，大马就是家长，我在教导，父母在带领，任何一方都不能少。""那你的助手为什么要抓着马鞍左右跳跃呢？""那是教马学会平衡，维持稳定。至于中午的时候骑马出去，"驯马师接着说，"是因为中午天气最为炎热，让马在一望无际、炙热如焚的沙漠里奔跑，这是一种磨炼，经得起这种磨炼的马才能成为千里马。而弯刀，是我们故意舞给马看的，用刀光刺激马的眼睛，发出强烈的声响，经历这种场面还能镇定自若的马，才能成为最好的马。"

驯马师在驯马的过程中，人为地给马设置了种种困难，训练马去适应看起来很恶劣的环境。只有经过这样的考验的马，才能成为真正的好马。

人生也是这样，逆境是人生的"宝藏"。经过苦难的洗礼之后，人会成长很多，即使以后再经历磨难，也能很好地处理。但是，能够披金沥沙从逆境中淘出"钻石"的人，往往只是少数。很多人稍遇挫折，身处逆境，往往就一蹶不振、停滞不前，这样的人绝不会成功。

经过暴风雨洗礼的人才能够更深地体会到彩虹的美丽；只有在经过挫折和逆境之后，心才会变得坚强。不经一番寒彻骨，怎得梅花扑鼻香？温室里的花朵是经不起暴风雨的洗礼的，只有经受住了恶劣环境的考验的人，才会焕发出顽强的生命力。

什么样的人才能经受住恶劣环境的考验呢？

第一种是决心要击败苦难的人。人没有击败苦难的决心的话，绝对不可能去坚强面对，苦难也永远只会是苦难。

第二种是认为"苦难才是机会"的人。没有这种想法，苦难会给人带来更多的痛苦，而不是更好的发展。

我们必须对人生道路上的曲折和困难有充分的认识和思想准备。人们由于世界观的差异、认识水平的不同以及所处的客观环境的不同，于是走上了不同的人生道路。但是不管人们的生活道路有何不同，有一点是相同的——绝对笔直而平坦的人生道路是不存在的。

人在成长的过程中遇到的常见逆境有：理想与现实的矛盾、人际交往的障碍、学习上的困难、情感生活的困扰、竞争的失败等等。既然"人生不顺常十之八九",那么摆在我们面前的任务就是克服困难,超越逆境,开创人生的新天地。正如以《人间喜剧》名扬天下的法国作家巴尔扎克所说:"世界上的事情永远不是绝对的,结果完全因人而异,苦难对于天才来说是一块垫脚石,……对能干的人是一笔财富,对弱者则是一个万丈深渊。"

挫折和逆境可以促人奋进,磨炼人的意志,使人获得前进的动力;也能使人思考生活,思考人生,升华思想。所以,努力把挫折和逆境变成成功的"垫脚石"吧,去正确面对,奋力拼搏!

高效率做事，绝不拖拉

凡事拖拉的人，一定会自讨苦吃。下面的故事说明了这个道理：

夏天的时候，寒号鸟全身长满了绚丽的羽毛，样子十分美丽。于是它骄傲得不得了，觉得自己是天底下最漂亮的鸟，连凤凰也不能同自己相比。它整天摇晃着羽毛，到处走来走去，还洋洋得意地唱着："凤凰不如我！凤凰不如我！"

夏天过去，秋天到来了，鸟们都各自忙开，有的结伴飞到南方，准备在那里度过温暖的冬天；有的留下来，整天辛勤忙碌，积聚食物，修理窝巢，做好过冬的准备工作。只有寒号鸟，它既没有飞到南方去的本领，也不愿辛勤劳动，仍然整日东游西荡，一个劲地到处炫耀自己身上漂亮的羽毛。

寒冷的冬天到了，鸟们都回到自己温暖的窝巢里。这时的寒号鸟，身上漂亮的羽毛都脱落了。夜间，它躲在石缝里，冻得浑身直哆嗦，不停地叫着："好冷啊，好冷啊，等到天亮了就造个窝啊！"等到天亮后，太阳出来了，温暖的阳光一照，寒号鸟又忘记了夜晚的寒冷，于是它又不停地唱着："得过且过！得过且过！太阳下面暖和！太阳下面暖和！"

寒号鸟就这样一天天地混着，过一天是一天，一直没有给自己造窝。最后，它没能挨过寒冷的冬天，最终冻死在岩缝里。

从这个故事里，我们可以看到，做事拖拉会带来多么严重的后果。在现代社会，处处讲求效率。企业需要的永远都是拥有高效率的员工，而不是做事拖拉、总是留下"后遗症"再反复检查、修正后却总达不到效果的人。

松下电器公司创办人、有"经营之神"美称的松下幸之助说："只有当人对社会的价值贡献多于索取的时候，社会才有可能不断趋于丰裕和繁荣。人的价值体现在人对社会的价值贡献上，人只有通过自身创造性的劳动，为社会增添价

值，让他人因为自己的劳动而受益，才是真正实现了自我价值，才能够赢得社会的认同、尊重和赞誉。高效率是帮助人们创造更多价值的利器，人做不到高效率，就难以创造足够多的价值。"

思科公司董事长约翰·钱伯斯说过这样一句话："一流的企业需要高效能员工，高效能员工造就一流的企业。"

高效率意味着高价值。换言之，一个人要想体现自身的价值，获得长足的发展，就要高效率做事，这样才能收获好前程。

但是人都有惰性，一些人往往习惯于拖延、拖拉而导致效率低下。其实，要想改变这种不良的习惯，提高做事的效率，是完全可能的，只要真心愿意付出行动。

提高做事效率可以从以下几个方面努力：

（1）有效实施目标

高效率的行动一定是围绕着目标展开的。没有目标，行动就没有方向性和连续性，人就会今天做这件事，明天做那件事，最终一事无成。

（2）合理分配时间

合理的时间分配包含三层意思：其一，目标实现由若干具有因果关联的事件组成，每一个事件对于目标实现的重要程度不一样，高效率的员工将最宝贵的时间分配给最重要的事件。其二，在通往成功的道路上，总有一些顽固而无法回避的障碍，高效率做事的人懂得集中时间与精力跨越这些障碍。其三，时间是有限的，寸金难买寸光阴，"好钢用在刀刃上"，要将有限的时间花费在那些价值产出最多的事情上。

（3）绝不拖拉

"拖"是做事低效率的人的通病，也是劣习，因为它会拖掉人成功的机会。假如你应该打一个电话给客户，但由于拖延的习惯，客户不方便接或没接，于是你没有再打这个电话。你的工作可能因为没打这个电话而延误，你的公司也可能因没打这个电话而蒙受损失。

拖延这个劣习看似于大局无碍，实则是个能够让你的抱负落空的"恶棍"。所以，人要从生活中的点点滴滴入手，做到"今日事今日毕"，绝不拖拉。

具有发散思维，提升创造力

现代社会越来越崇尚创新。创新的能力很重要，一个人只有提升自己的创造力，才能够创造出自己更美好的明天。

著名的心理学家吉尔福特指出："人的创造力主要依靠发散思维，它是创造思维的主要部分。"

这里所说的发散思维是指与集中思维相对的一种思维方式。发散思维是对问题从不同角度进行探索，从不同层面进行分析，从正反两极进行比较，具有发散思维的人会视野开阔，思维活跃，也会产生大量的独特的新思想。集中思维则是指人们解决问题的思路朝一个方向聚拢前进，从而形成唯一的、确定的答案。例如 $7 + 4 = 11$，这就是集中思维，而如果问："还有哪些数相加之和也为 11 呢？"这个问题会有多种结论，这就是发散思维。

人有了发散思维，就在很大程度上有了创造力。

发散思维之所以能够具有很大的创造性，就是因为它可以让人在遇到问题时使思维迅速而灵活地朝着多个角度、多个层次发散开来，从给定的信息中获得多个新颖的答案。同时，发散思维的创造性又离不开辐合思维，只有通过思维的辐合才能从对各种答案的分析、比较中选出最佳的答案。

纽约里士满区有一所由贝纳特牧师创立的穷人学校，半个多世纪以来，圣·贝纳特学院毕业的学生无论出身贵贱，都有一份职业，并且都生活得非常乐观。尤其引人注目的是，50 多年来，自该校毕业的学生在纽约警察局的犯罪记录中是最低的。

一位法学博士对此深感好奇，于是他花了长达 6 年的时间对圣·贝纳特学院进行调查。凡是在该校学习和工作过的人，只要能打听到他们的地址或信箱，他都要给他们寄去一份调查表，询问他们"圣·贝纳特学院教会了你什么"。他共收到 3756 份答卷。在所有的这些答卷里有 74% 的回答是他们知道了一支铅笔有多少种用途。当法学博士看到这样奇

怪的答案时，他决定做进一步的调查研究。他走访的第一个对象是纽约最大的一家皮货商店的老板。

这位受访者说："是的，贝纳特牧师教会了我们一支铅笔有多少种用途。我们入学的第一篇作文就是这个题目。当初，我认为铅笔只有一种用途，那就是写字。谁知铅笔不仅能用来写字，必要时还可用来当作尺子画线；还能作为礼品送人以示友爱；还能当成商品出售获取利润；铅笔的铅磨成粉可做润滑剂，演出时也可临时用于化妆；削下的木屑还可做成装饰画；一支铅笔按相等比例锯成若干份，还可以做成一副象棋，可以当玩具的轮子；在野外遇险时，铅笔抽掉笔芯还能当成吸管喝石缝中的水；在遇到坏人时，削尖的铅笔还能作为自卫的武器……总之，一支铅笔有无数种用途。它让我们这些穷人的孩子明白，有着眼睛、鼻子、耳朵、大脑和手脚的人更是有无数种用途，并且任何一种用途都足以使我们生存下去。"

法学博士受此启发，认识到发散思维的奥秘，于是决定放弃在美国谋求律师职位，当即返回祖国捷克。后来，他成为捷克最大的一家网络公司的总裁。

　　上面这个事例充分证明了发散思维对提高创造力的重要性。假如你常常用非同寻常的方式将普通的信息整合起来，你一定会发现别人看不到的东西。具有发散思维，人能够更好地提升自己的创造能力，进而一步步迈向成功。

勤于思考，令你的行动更有效

思考是人类最大的优势，也是人类创造力的源泉。智者更容易成功，东撞西闯、有勇无谋之人则常常事倍功半、徒劳无功。勤于思考，你会发现你的行动变得更加有效率。

有句俗话说得很好："开锁不是只能用钥匙，解决问题不能只靠常规的方法。"也就是说，当问题出现时，我们不能只停留在问题的表面，而是要深入研究解决问题的关键，找到正确的方法，这样方能达到事半功倍的效果。

海湾战争打响的时候，美日矛盾激化。杰恩作为日本凌志汽车在美国南加州的销售代理，深刻体会到这场战争对凌志汽车在美国销量的影响。杰恩分析，如果人们因为战争和社会稳定问题，不来购买凌志汽车的话，那他肯定会失业。

杰恩是个思维很活跃的人，他放弃了销售人员惯用的做法——继续在报纸和广播上投放大量的广告，等着人们来下订单。在分析了当前问题的关键之后，杰恩列出了若干可以实施的办法，最后确定了其中最妙的一个手段作为改变销售形式的策略。

对于这个问题，杰恩是如此分析的：假设你开过一辆新车，然后再回到自己的老车里，你会感觉你的车突然之间有了那么多让你不满意的地方。或许之前你还可以继续忍受老车的诸多缺点，但是当你知道了还有更好的享受时，你会不会决定去买辆更好的车呢？想清楚问题的关键之后，杰恩立刻落实他所想到的那个新对策。

杰恩吩咐若干销售员去户外工作，让他们各自开着一辆凌志新车，到富人常出没的地方——乡村俱乐部、码头、马球场、比佛利山和韦斯特莱克的聚会等等，然后邀请这些人坐到崭新的凌志车里兜风。这些富人享受完新车的美妙以后，再坐回到自己的旧车里面的时候，真的产生了很多抱怨。在那之后，陆陆续续开始有人购买或租用新凌志车，从而使得凌志车的销量并没有因为战争而受到很大的影响。

　　杰恩采用的方法与那些在报纸和杂志上投放广告的方法比起来，其效果是立竿见影的。因为在报纸和杂志上投放广告，消费者并没有一个直观的认识，对车的优点也不会有切身的体会。杰恩的方法正是抓住了问题的关键，给消费者一个切身的体会，让他们亲身体验新车的优势，这样自然会达到更好的广告效应。

　　其实，无论做什么事情，只要抓住问题的关键，充分运用自己的思考能力，善于打破常规思维，就能找到行之有效的方法去解决问题。福特的创业经历同样说明了这一点。

　　福特直到40岁，他的生意才获得成功。他没有受过多少正规的教育。在建立了他的事业王国之后，他把目光转向了制造8缸引擎。他把设计人员召集到一起说："先生们，我需要你们造一个8缸引擎。"这些受过良好教育的工程师们深谙数学、物理、工程学，他们知道什么是"可做"的，什么是"行不通"的。他们以一种宽容的态度看着福特，非常耐心地向福特解释说，8缸引擎从经济方面考虑很不合适，并解释了为什么不合适。但福特并没有听取他们的意见，只是一味强调："先生们，我必须要有 8 缸引擎——请你们造一个。"

工程师们干了一段时间后向福特汇报："我们越来越觉得造 8 缸引擎是不可能的事了。"然而福特并不是能够轻易被说服的人，他坚持说："先生们，我必须有一个 8 缸引擎——让我们加快速度去造吧。"于是，工程师们再次行动了。这次，他们比以前工作努力一些了，时间花多了，也投入了更多的资金。但他们对福特的汇报与上次一样："8 缸引擎的制造完全不可能。"

然而对于福特，这位用装配线、每天 5 美元薪水、T 型与 A 型改良了工业的人来说，在他的"字典"里根本不存在"不可能"两个字。福特注视着工程师们说："先生们，你们不了解，我必须有 8 缸引擎，你们要为我造一个，现在就造吧。"

猜猜接下来如何？工程师们制造出了 8 缸引擎。

我们每天都会发现这种情况，当人认为他不能——于是，事做不成；当人认为他能——于是，事做成了。

　　我们常常强调一个人的行动能力，其实行动能力并不是完全体现在苦干之中的。一个行动能力很强的人，往往善于运用自己的大脑，善于思考，善于找到各种有效的方法来使事情进展得更加顺利、高效，这是成功的关键。

要成功，先要拥抱"失败"

人生路上不可能一帆风顺。有句话说得好："要成功，就要先拥抱失败。"失败是通往成功的阶梯，所有的成功都是在经历了许多次的失败后得以实现的。其实，失败只是成功路上的一个个障碍而已，跨过去了你就是成功者，跨不过去你就是失败者。

当行动过程中的难题摆在我们面前的时候，我们不能灰心丧气，也不能轻易放弃。正确的态度是积极地去寻找办法解决难题，跨越障碍。方法总比问题多，只要能够积极地调动思维，人总能找到办法来解决难题。

有这么一个故事：

有位名叫妮可的小姐出了车祸，但是她不清楚自己到底

是在冰上滑倒掉入车下的，还是被卡车卷入车下的，因为当时她自己也不是很清醒。汽车公司的马格雷先生巧妙地利用各种证据，推翻了当时几位目击者的证词，使得妮可小姐败诉。

后来，绝望的妮可小姐向詹妮芙·帕克小姐求援，詹妮芙调查出了事实的真相，并向汽车公司提出了赔偿的要求。

但狡猾的马格雷回答道："好吧，不过，我明天要去伦教，一个星期后回来，届时我们研究一下，再做出适当的安排。"然而一个星期后，马格雷并没有露面。这时，詹妮芙意识到自己好像上当了，但又不知道为什么上当。当她的目光扫到日历上时，詹妮芙恍然大悟，原来诉讼时效已经到期了。詹妮芙怒气冲冲地给马格雷打电话，马格雷在电话那头得意洋洋地放声大笑："小姐，诉讼时效今天过期了，谁也不能控告我了！希望你下一次变得聪明些。"

詹妮芙几乎要气疯了，她问秘书："准备好这份案卷要多少时间？"秘书回答："需要三四个小时。现在是下午一点钟，即使我们用最快的速度草拟好文件，再找到一家律师事务所，由他们草拟出一份新文件交到法院，那也来不及了。"

詹妮芙在屋中急得团团转，突然，她灵光一闪："这家汽车公司在美国各地都有分公司，我们为什么不把起诉地点往西移呢？因为隔一个时区就差一个小时啊。而夏威夷在西十区，与纽约时间差整整 5 个小时！对，就在夏威夷起诉！"就这样，詹妮芙赢得了至关重要的几个小时，最后她以雄辩的事实和催人泪下的语言，使得陪审团的成员们大为感动。陪审团一致裁决：妮可小姐胜诉，汽车公司赔偿妮可小姐各种费用总计 500 万美元！

摆在詹妮芙面前的难题可能在很多人看来是无法解决的，意志薄弱一点的人可能会因此放弃，而不再去寻找解决问题的方法。但是詹妮芙并没有轻易放弃，她坚信只要肯努力，总能找到解决问题的方法，最后她成功地克服了行动中的"时间"这一障碍，最终赢得了胜利。

现在奥运会的声誉在世界范围内越来越高，但其实，在1984年之前，奥运会并不是一个人人都抢的"香饽饽"。因为在那个时候，举办奥运会是赔钱的。

1984年的美国洛杉矶奥运会是一个转折，这次奥运会，美国政府不但没有掏一分钱，反而盈利2亿多美元，创下了一个奇迹。而创造这一奇迹的人，名叫尤伯罗斯，是一个商人。

刚开始时，尤伯罗斯并不愿意接受这项任务，但在主办方的再三相邀下，他最终答应了。他将整个奥运活动与企业和社会的关系做了通盘的考虑，终于想出了很多让奥运会赚钱的点子。

尤伯罗斯将奥运会的直播权进行了拍卖，刚开始时预定的最高价是1.52亿美元，这在当时已是个天文数字了，但立即遭到了尤伯罗斯的否定，他说："这个数字太保守了！"因为他敏锐地觉察到，人们对运动会的兴趣正在不断高涨，奥运会已经成为全球关注的热点；电视台利用节目转播，已经赚了不少钱，假如采取直播权拍卖的方式，势必引起各大电视台之间的竞争，从而使得价钱不断抬高。果然不出所料，单电视转播权一项就为尤伯罗斯筹集到了 2 亿多美元资金。

以往的奥运会万里长跑接力，都由有名的人士担任，尤伯罗斯一改这一惯例，他表示谁都可以跑，只要身体够棒，另外出钱就可以，每公里按 3000 美元收费。这真是一个破天荒的想法，会有人"花钱买罪受"吗？但没想到的是，消息一公布，报名的人竟然蜂拥而至，10000 多公里的路，单收费就收了 4500 万美元！

这次奥运会给尤伯罗斯带来了空前的声誉。其实，最初的时候，奥运会就是摆在尤伯罗斯面前的一道难题。面对这道难题的时候，他没有畏惧，也没有退缩，而是从中发现机会，找到正确解决问题的方法。最后，他成功地跨过了这些障碍，取得了空前的成功。

立德 立言 立行

　　生活中很多棘手的难题时常让人头疼，但是只要你有勇气挑战它们，充分思考，寻找办法，就没有解决不了的；只要你肯想，肯行动，就一定能够找到方法，顺利解决难题。

突破自我设限，释放自己的潜能

有一句话说得好："成功一定有方法，失败一定有原因。"既然成功有方法，那方法来自于哪里？自然是来自于正确的思考方式。失败的人之所以失败，不是因为他们不具备成功的潜能，而是因为他们的思维常常自我设限，很难想出超乎寻常的方法来帮助他们取得成功。

自我设限其实就是一种自我否定，是对自己目标的否定、对自己能力的否定。自我设限的人，往往有一种"我不行"的思想，在设定目标的时候不敢把目标设得太高，因为他们觉得自己达不到；在行动的时候遇到困难就退缩，因为他们觉得自己不行；在遇到问题时稍微尝试一下就苦于没有对策，轻言放弃。他们经不起一点挫折，

一遇到棘手的事就打"退堂鼓"。

美国俄勒冈大学的唐纳得·西洛托做过这样一个著名的实验：

西洛托将一群人关在一间屋子里，然后打开噪音，接着，给他们布置任务：想办法让噪音停止。

第一组试验者按遍了仪表盘上几乎所有按钮的组合，但一直关不掉噪音。他们并不知道，根据事先的设定，他们不可能通过按按钮来关掉噪音。第二组的试验者则可以通过按钮的正确组合来关掉噪音。

然后，西洛托将这些人带入另一间屋子，要求他们一个接一个地将手放在盒子的边上。实际上，如果将手放在盒子的某一边，噪音还会继续，放到另一边，噪音就会停止。

这时，有趣的现象出现了：能控制噪音的第二组的试验者，很快就通过在盒子里移动他们的手关掉了噪音。而第一组的试验者，即使在时间、地点、条件改变了的情况下，也不再去做努力，大多只是坐在那里，而不去尝试结束受噪音折磨的痛苦，因为他们觉得"再努力也没用"。

这就是心理学上所说的"习得的无力"。由于自己多次碰过壁，或者别人不断向自己灌输"你不行"的理念，所以本来颇有能力的人，容易产生"四面八方都通不过"的感觉，最终干脆放弃努力，让自己的潜能永远处于被压抑的"沉睡"状态。

其实，只要再努力一点，或者改变环境，或者适应新的环境，人就能够突破这种"无力"。真正的限制往往来自于自己，而不是来自于别人或者环境，人只要肯突破自我设限，就能释放自己的潜能，从而获得成功。

如果你想改变自我设限的状态，不妨借鉴一下下面这位年轻人的经历。

3年前，她是一位大四的学生。暑假前夕，有一家美国机构的中国区总裁到她所在的大学做了一场大型讲座。讲座十分精彩，激发出她的许多想法。

她一边听讲座一边根据自己的感受写了一篇文章，讲座结

束时，她突然有一股冲动：把自己写的文章送给那位老总看看。

她学的不是文学、新闻专业，但是一直想从事这方面的工作，所以经常写一些文章。

这个念头一出现，她又犹豫了："我行吗？不会丢脸吧？"

但她转念又一想："丢脸就丢脸吧，反正以后可能再也见不到他了！"

于是在众人的"围困"之中，她把这篇文章交给了那位老总。没想到，两天之后，她突然接到了那位老总打来的电话，告诉她文章写得很好，希望她写出更多这样的好文章。

不久，她开始实习了。她有一个想法：去北京实习，将来在那里发展。可她在北京没有熟人，唯一认识的就是那位老总，于是她想，能不能找找他请他帮忙？

这时，她又一次有了畏缩的念头，那个"我不行"的想法又像蛇一样地在她心中抬头了。

但最终她还是一咬牙，向那位老总表达了自己的愿望，并希望他帮忙联系一个新闻出版单位。

这位日理万机的老总对她的这种主动精神十分欣赏，很快帮她联系到一家著名的报社，并鼓励她发挥特长，走向成功。在不到两个月的实习期里，她发表了好几篇有分量的文章。在鉴定表上，报社给了她非常好的鉴定意见。

毕业时，这份鉴定表和她发表的文章对她的应聘起到了很好的作用，北京一家出版社很快录用了她。

人要想成功，就要在自己的"字典"里删除"我不行"这句话，要时刻觉得"我行"！

从上面的故事可以看出，我们中的很多人之所以没有成功，不是因为别人否定我们，而是因为我们自己否定了自己；不是因为"我不行"，而是因为我们本来行，却偏偏要对自己说"我不行"。我们没有被生活打败，却被自己心里的灰暗念头打败了。其实，很多时候，只要我们带着自信去"敲门"，想方设法找到解决问题的方法，就会发现难题比我们想象得更容易解决。

有的人之所以不能成功，其中很大的原因就是他们对自

我的限制和否定。其实，每个人的能力差距并不大，但是如果你自己给自己限定了一个高度，那么你永远只能到达这个高度，而不会向上发展，就像井底之蛙，永远都只能看到井口范围那么大的天空。因此，我们要想成功，首先就要突破自我设限，这样才能把自己的潜能全部发挥出来。

"条条大路通罗马"，道路是人走出来的

每个人都会有目标，每个人所有的努力也都是朝着目标前进的。目标虽然只有一个，实现目标的方法却很多。俗话说得好："条条大路通罗马。"路都是人走出来的，正如鲁迅所说："世上本没有路，走的人多了，也就成了路。"成功的人不会因为一条路被堵死了而止步不前，而是会另辟蹊径，走出一条自己独特的路，最终达到终点。

此路不通，就换条路走；这个方法不行，就换个方法，这便是变通的思维和方法。当人在人生路上遇到挫折的时候，这种思维就是战胜挫折、解决困难的一种重要手段。

"司马光砸缸"的故事是我们从小就耳熟能详的。

司马光自幼聪敏好学。7岁时，他便能够熟练地背诵《左传》，并且能把200多年的历史梗概讲得清清楚楚。

有一天，司马光和小伙伴们在后院里玩耍。院子里有一口大水缸，有个小孩子爬到缸沿上玩，一不小心，掉进缸里。缸大水深，眼看那孩子就快要沉下去了。别的孩子一见出了事，吓得边哭边喊，跑到外面向大人求救。司马光却急中生智，从地上捡起一块大石头，使劲向水缸砸去。"砰！"水缸破了，缸里的水流了出来，掉进水缸里的小孩子也得救了。

其实，当时摆在所有孩子面前的难题就是怎么才能够把掉进缸里的小孩从水里救出来。然而，大多数孩子都只是按照从缸口救人的常规思维去思考，从而一筹莫展。司马光的办法正是以一种"此路不通，换条路走"的思维方式，砸缸救人，从而顺利解决了难题。

当今时代，竞争日趋激烈，但是几百年来，犹太人的商业智慧一直为人称道。下面的故事或许能给我们一些启发：

一位犹太人走进纽约的一家银行，他来到贷款部，大模大样地坐下来。

"请问先生您有什么事情吗?"贷款部经理一边问，一边打量着来人的穿着：豪华的西服、高级皮鞋、昂贵的手表，还有镶嵌了宝石的领带夹。

"我想借些钱。"

"好啊，您要借多少?"

"1美元。"

"只借1美元?"

"对，只借1美元。可以吗?"

"当然可以，只要有担保，再多点也无妨。"

"这些担保可以吗?"

犹太人说着，从高档的皮包里掏出一堆股票，放在经理的写字台上。

"总共50万美元，够了吧?"

"当然，当然！不过，您真的只借1美元吗?"

"是的。"说着，犹太人接过了那 1 美元。

"年息为 6%。只要您付 6% 的利息，1 年后归还，我们就可以把这些股票还给你。"

"谢谢。"

犹太人说完，就准备离开银行。

一直在旁边冷眼观看的银行行长怎么也弄不明白，拥有 50 万美元的人，怎么会来银行借 1 美元？他急忙追上前去，对犹太人说："啊，这位先生……"

"有什么事情吗？"

"我实在弄不清楚，您拥有 50 万美元，为什么只借 1 美元？要是您想借 30 元、40 万美元的话，我们也会很乐意的……"

"请不必为我操心。我来贵行之前，问过了几家银行，他们保险箱的租金都很昂贵。所以，我就准备在贵行寄存这些股票。贵行的租金实在太便宜了，一年只需花 6 美分。"

这就是一种变通思维，这也正是犹太人独特的智慧所在。贵重物品的寄存按常理应放在金库的保险箱里，对许多人来说，这是唯一的选择。但犹太人没有困于常理，而是另辟蹊径，找到把股票等锁进银行保险箱的办法，既可靠、保险，收费也更加经济。

所以，当我们抱怨自己的人生之路艰难、有如此多的困难需要解决的时候，我们不妨想想：是不是还有别的路可以走。充分调动我们的思维，寻找变通的方法，或许我们会惊奇地发现，曲径通幽，超乎常规的方法更容易帮助我们解决难题，取得成功。

行动时需要有超前意识

中国有句古语："凡事预则立，不预则废。"在做任何事时，事先有所准备和预见是成败的关键。而要有正确的预见，就必须具备超前的思维，也可以说是超前意识。所谓超前意识，就是运用长远的眼光，多角度、全方位地分析事物的历史和现状，把握其未来的发展趋势，把握他人容易忽略掉的有用信息，从而提前做出正确决策。人有了超前意识，思想就能突破被禁锢的"牢笼"，人就能有所创新。

有人说：能预知一天之后的发展变化的人，是聪明的人；能预知三年之后的发展变化的人，是伟大的人。只有想在他人前面，才能做在他人前面。在充满竞争的当代社会，只有

"超前"，才能把握时机；只有"超前"，才能获得发展；只有"超前"，才能使自己立于不败之地。

美国有一家规模不大的缝纫机厂，在第二次世界大战中生意萧条。厂主杰克看到战时百业俱凋，只有军火热门，自己却与它无缘。于是，杰克把目光转向未来市场，他告诉儿子，缝纫机厂需要转产改行。

儿子问杰克："改成什么？"杰克说："改成生产残疾人用的小轮椅。"儿子当时大惑不解，不过还是遵照父亲的意思办了。经过一番设备改造后，一批批小轮椅面世了。随着战争的结束，许多在战争中受伤致残的士兵和平民纷纷购买小轮椅。杰克工厂的订货者很多，他们的小轮椅不但在本国畅销，甚至远销到国外。

杰克的儿子看到工厂的生产规模不断扩大，财源滚滚，满心欢喜之余，向父亲请教："战争即将结束，小轮椅如果继续大量生产，需要的量可能已经不多。未来的几十年里，市场又会有什么需求呢？"杰克成竹在胸，反问儿子："战争结束了，人们的想法是什么呢？""人们对战争已经厌倦了，希望战后能过上安定美好的生活。"儿子答道。杰克进一步指点儿子："那么，美好的生活靠什么呢？要靠健康的身体。将来人们会把身体健康作为重要的追求目标。所以，我们要为生产健身器材做好准备。"

于是，生产小轮椅的机械流水线又被改造为生产健身器材。最初几年，销售情况并不太好。这时杰克已经去世，但是他的儿子坚信父亲的超前意识，仍然继续生产健身器材。结果，就在战后十多年左右，健身器材开始走俏，不久便成为热门产品。当时杰克的健身器材在美国只此一家，独领风骚。杰克的儿子根据市场需求，不断增加产品的品种和产量，扩大企业规模，终于使杰克家族进入亿万富翁的行列。

在市场经济时代，市场需求可以说是瞬息万变，没有什么市场是永恒的，一切都在变化。今天紧俏的产品可能明天就成了过时的东西。因此，决策投资如果没有一点超前意识，人只会像无头苍蝇那样盲目地跟风走，这样带来的结果必然是亏损。

其实，商业领域的投资需要预见性，个人的人生规划同样需要预见性。一个人如果对自己的人生没有规划，只是走一步看一步，那么他很可能会走弯路，把大量的精力耗费在一些无用的忙碌之中。

很多成功人士都是善于超前做出规划的人。

世界著名投资公司"软银"的创始人孙正义曾经在23岁时花了1年多的时间来想自己到底要做什么。他把自己想做的40多件事都列出来，而后逐一地做详细的市场调查，并做出了10年的预想损益表、资金周转表和组织结构图，40个项目的资料全部合起来足有10多米高。然后他列出了25项选择事业的标准，包括该事业能否使自己全身心投入50年不变、能否10年内成为全国第一等。依照这些标准，他给自己的40个项目打分排序，最终确定了下来，计算机软件批发业务从中脱颖而出。

　　孙正义用十几米厚的资料来做事业选择的规划，把目光放在几十年之后，这样的深思熟虑，这样的周密规划，注定了他日后的成功。

　　对我们每一个人来说，重要的不是我们现在身在何处，而是我们能否以超前的意识为自己的人生做好规划，来确定我们人生的方向。面对人生，我们要以最长远的眼光、最超前的意识、最大的行动力让自己不断迈向更高的阶梯。

注重过程，锁定结果

拿破仑说过："不想当将军的士兵不是好士兵。"每个人行动的原动力都是结果。过程固然很重要，但结果才是最终要实现的目标。开始行动时就要把目光锁定在结果上，只有这样才能在行动的过程中不断调整自己的步伐和方向，有的放矢，朝着正确的路迈进。人如果一开始就没有确定好目标，连自己都不知道结果是什么，自然也不会做出什么大成就。

在处处讲求效率、讲求成果的当今时代，人们越来越依赖于通过结果来判定一个人的行为的价值。因为只有结果才是"可触"的。无论你在过程中如何努力，如果没有结果，就很难证明这段过程的存在意义。

下篇 立行

173

人的自我实现是指个人发挥潜能，贡献社会，实现人之为人的尊严。它既是过程，更是结果。一位哲人曾说："最蹩脚的建筑师也比最灵巧的蜜蜂高明。"同样是建筑的过程，同样是耗费时间、精力，但结果是不同的。站在人类的角度上，建筑师修建的才是人类可以居住的房子，才是人类可以享受的结果，而蜜蜂的劳动过程再如何闪耀着光辉，对于人类而言也只是一个零。

但是，过程同样需要重视。重视过程是一种思维方式，也是一种难能可贵的精神品质。重视过程的人有一种不达目的誓不罢休的决心和信念，以及为了目标持之以恒、坚忍不拔的意志。很多成功人士之所以能够达到他们最终想要的结果，正是这种重视过程的思维方式和精神品质在起作用。

有这样一则寓言：

在一间工具房中，有一些工具聚在一起开会，大伙商量着要怎样对付一块坚硬的生铁。

斧头首先耀武扬威地说："让我来，我可以一下子就把它解决了。"斧头很用力地对着铁块砍下去。可是，只一会儿的工夫，斧头便钝了，刃都卷了起来。

"还是我来吧！"锯子信心十足地说，它用锋利的锯齿在铁块上来回地锯，但是没有多久，锯齿都锯断了。

这时，锤子笑道："你们真没用，退到一边去，让我来显显身手。"于是锤子对着铁块一阵猛锤猛打，其声震耳。但锤了好久，锤子的头也掉了，铁块依然如故。

"我可以试试吗？"小小的火焰在旁边请求说。大家都瞧不起它，但还是给了它一个机会让它试试。

小火焰轻轻地围着铁块，不停地烧，不停地烧。过了一段时间，在它坚韧的热力之下，整个铁块最终被烧红，并且完全熔化了。

上面的这则寓言虽然说的是要有恒心的道理，然而，如果一开始小火焰就对最后的成功和结果抱着一种无所谓的态度，而只是想试试，那么，在经过一段时间的煅烧之后，铁块还没有反应，小火焰也许就会放弃努力。正是因为对过程

的重视才让它执着地追求，不懈地努力，直到最后获得

成功。

重视过程和结果并不是冲突的，因为，重视过程是一种

思维方式，人在这种思维方式的指导下能够产生更强的动

力，拥有更坚强的意志和信念，直至达到最终的结果。

在旧金山的贫民区里住着一个叫辛普森的小男孩。辛普

森营养不良，又患有软骨症，6 岁的时候，他的双腿便严重

萎缩成弓形。

然而，残缺的身体并没有让辛普森放弃心中的梦想，他

一直梦想着有一天能成为美式足球的明星球员。

辛普森从小就是美式足球传奇人物吉姆·布朗的忠实球

迷，只要吉姆所属的布朗斯队来旧金山比赛，辛普森一定会

跛着步子，辛苦地走到球场，为心目中的偶像加油。

由于家境贫寒，买不起门票，辛普森总是等到比赛快结

束时，从工作人员打开的大门溜进去，观看最后几分钟的

比赛。

有一次，布朗斯队和旧金山四九人队比赛结束后，在一家冰淇淋店里，辛普森终于有机会和心目中的偶像吉姆·布朗面对面接触，这是他多年来最兴奋、最期待的一刻。他大方地走到这位球星的面前，大声说："布朗先生，我是您忠实的球迷！"

吉姆·布朗和气地向他说了声谢谢。

辛普森接着又说："布朗先生，我想跟您说一件事……"

吉姆·布朗问："小朋友，请问是什么事呢？"

辛普森露出一副骄傲的神态，说："我清清楚楚地记着您所创下的每一项纪录和每一次的攻防哦！"

吉姆·布朗开心地满面笑容地回应着，拍拍他的头说："孩子，真不简单。"

这时，辛普森挺起胸膛，眼睛里闪烁着炽烈的光芒，充满自信地说："不过，布朗先生，有一天我要打破您所创下的每一项纪录！"

听完小男孩的话，这位球星微笑着说："哇，好大的口

气！孩子，你叫什么名字？"

他得意地说："奥伦索，我的名字叫奥伦索·辛普森。"

此后，辛普森为了这个目标一直不懈地努力。在遇到挫折或者提升的"瓶颈"的时候，他从来没有用"我已经尽力了"这样的想法来使自己放弃，因为他清楚地知道：他想要的是结果，是最后的成功。最终他获得了成功，成为全美的美式足球巨星。

纵观那些名留青史的伟人，或者让众人仰视的成功人士，我们可以发现：在人的自我实现过程中，奋斗和努力的多少与最终成果的获得是密切相关的。正是"重视过程、锁定结果"的思维方式以及由此产生的信念，让他们最终克服了各种困难，获得最后的成功。这一点值得我们每个人思考和学习。

不找借口，"承诺"靠行动履行

提到"承诺"这个词，会让人想起一个更加熟悉的词：诚信。众所周知，诚信就是言行一致，把自己说过的话落到实处。每个人做事都要有结果，对自己的承诺负责。承诺再动听，没有履行和结果，也只是一句空话；计划再完美，没有执行和效果，也只是纸上谈兵。只有能够实现目标、履行承诺的人，才是值得信赖的人，才能在社会上找到立足之地。而那些只说不做的人，总是在那里不停地吹嘘着美好的未来，却不见他们拿出一点实际行动，当然他们也不可能有什么好的结果了，他们的诺言只是一张"空头支票"，经不起一点时间的考验。

失败者往往喜欢为自己的失败找各种各样的理由，其实理由就是借口，找借口是一种推卸责任的行为。借口是失败的"温床"，习惯性的拖延者通常是制造借口和托词的"专家"。他们经常会为没能做成某些事而去想方设法地找借口，或找出各种各样的理由来为未能按计划完成某项任务而做出解释。"这项工作太困难了。""我不是故意的。""我太忙了，忘了还有这样一件事。""老板规定的完成期限太紧。""本来不是这样的，都怪……"这些常常是他们的口头禅。

可以说，找借口是世界上最容易办到的事情之一，只要你存心拖延逃避，你总能找出足够多的借口。因为把"事情太困难、太复杂、太花时间"等种种理由合理化，要比相信"只要我们更努力、更聪明、信心更强，就能完成任何事情"容易得多。

日本的零售业巨头大荣公司中流传着这样一个故事：

两个极优秀的年轻人一起进入了大荣公司，不久又被同时派到一家大型连锁店做一线销售员。一天，这家店在清核账目的时候发现所交纳的营业税比以前出奇地多了很多。仔细复核后发现，原来是两个年轻人负责的店面将营业额多打了一个零。

于是，经理把两个年轻人叫进了办公室。当问到他们具体的情况时，两人刚开始沉默了一会儿，随后分别开口了。一个解释说自己因为刚开始上岗，所以有些紧张，再加上对公司的财务制度还不是很熟悉，所以……而这时，另一个年轻人却没有多说什么，他只是对经理说，这的确是他们的过失，他愿意用两个月的奖金来补偿，同时保证以后再也不会犯同样的错误。

两个年轻人走出经理室后，先说话的那个年轻人对后者说："你也太傻了吧，两个月的奖金，那岂不是白干了？这种事情咱们新手随便找个借口就推脱过去了。"后者却仅仅是笑了笑，什么都没说。

从那以后，公司里出现了好几次培训学习的机会。然而，每次都是那个勇于承担责任的年轻人获得这样的机会。另一个年轻人坐不住了，跑去质问经理为什么这么不公平。经理

没有做过多的解释，只是对他说："一个事后不愿承担责任的人，是不值得团队信任与培养的。"

这就是在同一个公司中的两个年轻人因为对待责任的态度不同而产生的不同的结果。借口就像毒品，它能够给你带来一时的慰藉和轻松，但也会使成功的大门永远向你紧闭，让你一生陷于平庸之中。这样的例子，在实际生活中比比皆是。

人的差距往往表现在其对待困难的态度上。有的人稍微遇到点困难，就给自己找退缩的借口，不愿去努力寻找解决的方法，于是他只能平庸地了此一生。而有的人在遇到困难时，却积极地开动脑筋想办法去克服困难，于是他最终取得了成功。

找借口是一种不良的习惯。如果在遇到问题的时候，不是积极、主动地去想如何解决，而是千方百计地寻找借口，你的工作就会变得越来越拖沓，更不用说什么高效率了。那些言必信、行必果的人，才能成为当今社会的佼佼者。凡成功者必是诚信的人，这已经是不争的事实。

我国古代名士宋濂就是一个诚实守信的人。宋濂小时候特别喜欢读书，但是因为家里很穷，没钱买书，他只好向人家借书。每次借书，他都讲好期限，按时归还，从不违约，因此人们也都乐意把书借给他。

有一次，宋濂借到一本书，越读越爱不释手，便决定把它抄下来。可是还书的期限就快要到了，他只好连夜抄书。时值隆冬腊月，当时的天气滴水成冰。他的母亲对他说："孩子，都半夜了，这么冷，天亮了再抄吧，人家又不是等着看这书。"宋濂说："不管人家等不等着看这本书，到了期限就要还，这是信用问题，也是尊重别人的表现。如果说话做事不讲信用，失信于人，怎么可能得到别人的尊重？"就这样，宋濂一直忍着严寒，终于抄完了书，按期把书归还给了人家。正是这种诚实守信的态度使得宋濂得到了众人的尊敬。

还有一次，宋濂要去远方向一位著名学者请教，并约好了见面日期，谁知出发那天下起了鹅毛大雪。当时宋濂挑起行李准备上路，母亲惊讶地说："这样的天气怎么能出远门呢？再说，老师那里早已经大雪封山了，你这一件旧棉袄，也抵不住深山的严寒啊！"宋濂说："娘，再不出发就会误了拜师的日子，这就是失约了。失约就是对老师不尊重啊。风雪再大，我都得上路。"最后，当宋濂赶到老师家里时，老师感动地称赞他说："年轻人，守信好学，将来必有大出息！"后来宋濂的成就也印证了老师的话，他最终成为一代名儒。

诚实守信是我国的传统美德。诚信守约不仅仅能让我们做事情有更强的动力，能够督促我们按时完成事情，也是一种可贵的品质，是个人信誉的基础。诚信的人会得到人们的信任和认同，这种众人的信赖和支持将为其以后的成功积累下宝贵的资源。

诚实守信是一种人生境界，是一个人获得尊严和认同的基础，是一个人生存的基本意义和价值所在。其实不仅是个人，对于企业，这种获得认可和尊敬的价值追求同样至关重要。在当代市场经济的激烈竞争下，企业的信誉更是成为其生存的命脉。

重视结果并努力去实现承诺的人，且不看他是否收获了结果，最起码他已经意识到了诚信的重要性。君子一诺千金，知道言出必行的重要性，这不仅仅是在证明自己的实力与能力，更重要的是在用行动维护自己的声誉。人们之所以信任言行一致的人，是因为获得他们的承诺就等于预先看到了结果。

诚实守信的人即使遇到了困难，也不会临阵脱逃、半途而废。这样的人在以后的成功道路上会获得更多的信任和支持，成为自己一笔无形的财富和资源。因此，人要想获得成功，首先就要言出必行，兑现承诺。

挑战"不可能"，才会有"可能"

"说到不如做到，要做就做最好。"没有行动，所有的一切都只是空想和虚幻，没有任何现实意义。没有结果之前，一切都是空谈，先做后说，做完再说，这才是真正明智的人的做法。

其实，许多"不可能"都只是人们的想象而已。一个"纸老虎"，却往往吓倒一大片的前行者。很多事情都是在没做之前就认为不可能，于是很多人放弃了，失去了成功的机会。有的人只是去想，但不动手去做；有的人却敢想敢做，先做后说。成功理所当然地属于后者。

如今的时尚品牌"美特斯·邦威"的创立过程就是一个先做后说的过程。

美特斯·邦威的创始人周成建在一开始的时候花费了很多精力去考虑它的名字。起初他不过是想借一个时尚的名字吸引年轻人的眼球，但是后来"美特斯·邦威"确实成功了。如今的"美特斯·邦威"已经成为全国大型服装业中的一员。

在"美特斯·邦威"的成长历程中，周成建为了实现专卖店的跨越式发展，考虑了很多策略。比如：率先采取将经营品牌与销售分开、特许连锁经营的策略。这样共担风险，实现双赢，使得"美特斯·邦威"这个品牌很快在广东、上海等大城市中占据了一席之地。"借鸡下蛋"和"借网捕鱼"的服装产业供应链就这么搭建起来了。

周成建说，他在创业初期，没有制定过特别的营销策略，不过是想尽方法实干一番。也许正是他这种先做、先行动的策略，让他在不断的摸索中找到了适合自己的企业生存的方式。

周成建认为，"美特斯·邦威"发展到现在，不能单纯

地归为偶然或者必然。只要是敢做自己敢想的事情，并努力
去实现的话，人就一定可以成功。

纵观"美特斯·邦威"的发展，整个就是一个"摸着石
头过河"的过程。其实很多成功的例子都是这样的，很多困
难和机遇并不是一开始就会出现的，只有你去行动了，去做
了，然后你才会发现其中隐藏的机会和困难。而如果你只是
一味地等待或思考，则永远都不会有成功结果的到来。

杰克的工作能力很强，他被安排到一个项目组去继续一
个项目，上级说这个项目由于很多问题无法进行下去了，希
望杰克接手以后能有新的突破。杰克接手以后，认真分析了
另一个项目小组失败的原因，通过与参加过这个项目的人员
进行交流，找到了一些问题的主要来源。此外，他还派人和
客户好好沟通，希望在时间上能得到客户的让步。

准备工作做得差不多了，杰克心里对于这次项目的成功
与否已有了几分了解。不过，他并没有心急地向领导汇报，
因为他觉得应该在有了一定的进展以后再汇报。工作很快地

被分配到他手下的各个"干将"手中，他们每一个人各自负责一个模块的设计和编程。杰克把"得到结果再汇报"的思想传达到他手下的各个员工那里，要求他们必须拿出结果，不能因为任何借口而耽误项目的进度。

为了保证项目的顺利进行，杰克还经常去一个项目组向里面的几位经验丰富的高手诚心地请教。对于他们的意见和建议他都会虚心接受。正是由于杰克的努力和正确领导，大家本不看好的项目竟然"起死回生"，得到了客户的满意验收。这个项目的圆满完成还为该公司赢得了很多项目合作的机会。上级对杰克的项目报告十分满意，因为报告中没有任何哭诉和抱怨，而且，在报告上交的同时，项目也得到了顺利的验收。

杰克的成功无疑是与他杰出的领导能力和出色的才干分不开的，但是其中还有很重要的一个方面，那就是他把"得到结果再汇报"思想贯彻始终。任何事情都是不确定的，实践的效果永远都与想象有差距，因此，不要一开始就沾沾自

喜，觉得自己肯定能很顺利地完成任务，也不要一开始就充满怀疑，迟迟不敢行动。先做后说，这样的话，想法才能得到实践的验证。

世界是在一直变化着的。正因为如此，所以没有什么是完全"可能"的，也没有什么是完全"不可能"的。因此，我们在面对事情的时候，要勇敢地去行动，去挑战"不可能"，要相信：敢于做"不可能"之事，才会有"可能"的结果。

只要决心在前，困难一定退后

人要想事业有成，就要有"我一定要行"的信心和决心。成功的法宝之一便是坚定的决心。成功人士在回忆他们自己的奋斗历程时，都有这样的感触：对于某一种结果，必须抱着一定要得到的心态去争取，这样才会使自己把压力变成无尽的动力，才会拥有必胜的气魄和信心，才会一步步地接近成功。

或许很多人都有远大的目标，也有自己梦想的结果，但不是每个人都能勇敢地去坚持追逐自己的梦想，直到最后获得成功。成功者的可贵品质正体现在这里。他们不仅有梦想，而且有行动和决心；他们不仅仅"想要"，而且在"想要"的同时就在心里暗暗下定决心，"我一定行"。正是这种

决心和必胜的信念，使得他们在遇到任何困难和挫折的时候都能一如既往地坚持，始终保持乐观积极的心态。凡成功者，必是对最终的结果充满信心和决心的人。

当今时代，瞬息万变，不管是企业还是个人，如果行动的时候不能决断果敢，坚持到底，则必然遭遇失败。其实，只要决心在前，困难一定退后。

成功的人必然都具有这种"我一定要"的决心和信念，这是支撑着他们在成功的道路上不断前进的重要力量。因此，你如果决定行动，就不要只是"想要"，而是"一定要"！坚定的决心会给你无比强大的勇气，这样你才能在困难重重的路上，坚定不移地走下去。无论是工作、生活，还是学习，遇到挫折的时候，都要坚定地告诉自己："我能行。"如果在开始的时候就过度害怕遭遇失败，过分担心遇到挫折和困难，那么你只会因此而畏缩不前，最终也难以获得成功。

美国著名的西点军校诞生了无数在各行各业做出非凡成

就的成功人士，其中包括国会议员、医生、特工、教授、律师、飞行员、企业家、工程师、科学家以及诸多首席执行官等等。当这些人被问到为何能够取得如此巨大的成就时，他们的答案几乎惊人地一致："在西点，你只能有一个态度，就是在接受任务的时候，对自己说'我能行'！除此之外，你没有别的选择。接下来的事情就是去很好地完成你的任务。"正是这样的信念让这些人拥有了坚定的信心和决心，并指引着他们取得了巨大的成就。

苏联著名作家尼古拉·阿耶克塞耶维奇·奥斯特洛夫斯基一生坎坷。他出生在乌克兰维里亚村一个贫困的农民家庭。他 11 岁便开始当童工，1919 年加入共青团，随即参加国内战争。由于长期参加艰苦斗争，他的身体健康受到严重损害。1927 年，他的健康情况急剧恶化。但他毫不屈服，以惊人的毅力同病魔做斗争。

1927 年底，奥斯特洛夫斯基在与病魔做斗争的同时，创作了一部关于科托夫骑兵旅成长、壮大以及英勇征战的中篇小说。两个月后小说完成了，他把小说封好，让妻子寄给敖德萨科托夫骑兵旅的战友们，征求他们的意见。战友们热情地评价了这部小说。可万万没想到，不幸的是，唯一一份手稿在寄给朋友们审读时被邮局弄丢了。这一残酷的打击并没有击垮奥斯特洛夫斯基的坚强意志，反而使他更加顽强。

1929 年，奥斯特洛夫斯基全身瘫痪，双目失明。1930年，他以自己的战斗经历为素材，以顽强的意志开始创作长篇小说《钢铁是怎样炼成的》。小说创作出来后，获得了巨大成功，受到人们真诚而热烈的称赞，奥斯特洛夫斯基也成为一代文豪。

伟人的一生往往是充满坎坷的一生。他们如果每次行动之前都先考虑下会遇到的困难和挫折，然后因为惧怕困难而不敢行动，那么最终只会陷于平庸。奥斯特洛夫斯基之所以能取得如此大的成就，正是因为他对梦想、对自己事业的坚定的决心和顽强的意志。因此，坚定的决心是一切成功的开始。

哥伦布发现新大陆的故事同样说明，人在做任何事情之前要先下定决心，才可能面对后面出现的困难。

在"地圆说"的指导下，哥伦布决定向西航行，到达东方。他最初制定了一个航海计划，希望能够得到封建君主们在财力、物力、人力上的支持。起初，葡萄牙国王拒绝了他的建议；后来，西班牙王后召见了哥伦布，表示出对远航计划的兴趣，但没有给予实质性的答复。

一直拖到 1491 年底，西班牙国王斐迪南二世才接见了哥伦布。经历了几番周折之后，国王总算答应支持哥伦布远航。

不过，所有的水手都不愿随哥伦布远征，他们都担心在半途中葬身鱼腹。后来，国王只好从刑事犯中挑选了一批人给哥伦布当水手。另外，还给了哥伦布几艘破旧的帆船。

1492 年 8 月 3 日清晨，哥伦布带领 87 名水手，驾驶着 3 艘帆船，离开了西班牙的巴罗斯港，开始了人类历史上第一次横渡大西洋的壮举。

海上的航行生活并不浪漫，反而显得十分单调、乏味。水连着天，天接着水，水天一色，茫茫无垠。就这样，在海上漂泊了一天又一天、一周又一周后，水手们开始沉不住气了，吵着要返航。要知道，那时候，大多数人都认为地球是一个扁平的大盘子，再往前航行，就会到达地球的边缘，帆船就会坠入深渊！

但是，哥伦布是一个意志坚定的人，他绝不允许自己苦心组建的船队半途而废，从而留下终生遗憾。他坚持继续向西航行，有时候，他甚至不得不拔出剑，强令水手们向前、再向前。

终于，他获得了成功，他虽然没有到达东方，却发现了新大陆。

哥伦布的远航，其中的困难是显而易见的，而且在茫茫大海中航行，结果会是怎样，一切都是未知的。在这种对一切都没有把握的情况下，正是坚定的决心支撑着哥伦布，让他在任何困难面前都没有退缩。

在哪里跌倒就从哪里爬起来，爬起来以后，摔伤的可以是身体，但绝对不能是决心。世界上没有一样东西可以取代毅力和决心，毅力和决心是我们无尽的财富。在毅力和决心面前，一切困难都只是"纸老虎"。

认真第一，巧思助力

每做一件事情，我们首先要想的应该是如何认认真真、一丝不苟地去把事情做成。我们要坚定一种思维，就是做事情的时候，认真第一。

2001 年 5 月 20 日，美国一位名叫乔治·赫伯特的推销员成功地把一把斧子推销给了布什总统，布鲁金斯学会遂奖予其一只刻有"最伟大的推销员"的金靴子，这是自 1975 年该学会的一名学员成功地把一台微型录音机卖给尼克松总统以来又一名学员获此殊荣。

布鲁金斯学会创建于 1972 年，以培养世界上最杰出的推销员著称于世。在每期学员毕业时，它都要设计一道实习题让学员完成。克林顿当政期间，布鲁金斯学会出的题目是：把一条三角裤推销给现任总统。8 年间，有无数学员为此绞尽脑汁，均无功而返。

克林顿卸任后，布鲁金斯学会把题目换成：把一把斧子推销给布什总统。当时许多人认为：当今总统什么都不缺，即使缺什么，也用不着亲自购买；退一步说，即使他亲自购买，也不一定适逢你去推销的时候。而且更重要的是，他们都觉得向总统推销诸如内裤、斧子这一类的东西实在是件很难堪的事情，因此他们在心里就打了"退堂鼓"。

然而，赫伯特认为，做任何事都不应该有这种畏难的情绪。人面对挑战，首先应该认真对待，而不应该去考虑自己的"面子"，最终目的才是最重要的。他认为布什总统在德克萨斯州有一座农场，农场里种了许多树，因此把斧子推销给布什总统是完全有可能的。于是赫伯特给布什总统写了一封信，信中写道："有一次，我有幸参观您的农场，发现那里种着许多树，有些已经死掉，木质已变得松软。我想，您一定需要一把斧子。但是从您现在的体质来看，小斧子显然太轻，

因此您需要一把不甚锋利的老斧子。现在我这儿正好有一把这样的斧子，它是我祖父留给我的，很适合砍伐枯树。如果您有兴趣的话，请按这封信所留的地址汇款 15 美元……"

不久，赫伯特果然收到布什总统汇来的 15 美元。后来，他成为美国历史上最伟大的推销员之一。

其实，赫伯特并没有去想什么所谓的很高明的方法，他在信中说的理由也是很普通、很正常的理由，但是他最后做到了别人做不到的事情。这其中最根本的原因：一是他有自信，他相信自己能够成功；另一个就是他并没有像其他学员那样把这件事当作一件很伤脑筋的事，而是认认真真地去为目标一步步地努力行动。世上无难事，只怕有心人。人只有认真付出之后，才能获得自己想要的结果，才能来谈成功。这是职业道德的一种体现，也是一个人品行的反映。

下面的故事同样说明了这个道理：

夏雨应聘到一家橡胶公司工作，试用期为 3 个月。她在清一色都是女性的化验室工作，因为缺乏实践经验，她用心地向那些女同事们请教，但每一次都会遭到她们的拒绝。2个月后公司改革，化验室要精简 1 人，夏雨由于业绩不佳而面临开除。还剩下 5 天的时间，夏雨本来可以和公司结清工资走人，但她决定在这最后的 5 天里，把工作用心地做完。直到最后一天的下午，她仍一丝不苟，跟第一天上岗一样，把工作台擦得一尘不染，把自己用过的烧杯和试管摆放得整整齐齐。经理把这一切都看在眼里，于是，最终留下了她。后来经理在一次会上对员工们讲："留她是因为她用心！明天要离开但今天仍能用心地对待工作，这样的员工是非常难得的。"

工作是不分贵贱的，但是对于工作的态度却有好坏之别。要想知道一个人能不能把事情做好，通常看他对待工作的态度就可以了。而一个人的工作态度，又与他本人的性情、修养、才能有着密切的关系。所以，了解了一个人的工作态度，从某种程度上来说，也就了解了这个人。

但是，在现实生活中，很多人没有把工作看成是创造一番

事业、回报社会的必由之路，而只视其为自己衣食住行的供给者，只把工作当成生存的手段，这种观念是极为狭隘的。

工作中一定要树立"认真第一"的理念，同时扎扎实实地努力，巧思助力，才能最终收获丰硕的成功。

创造价值，要"功劳"不要"苦劳"

我国传统文化一直很看重吃苦耐劳的"老黄牛"精神，因为老黄牛勤勤恳恳，不抱怨，不贪图享乐，只是埋头苦干，这也是我国传统的农耕社会所一直提倡的精神。然而，当今时代已经发生了巨大的变化，人如果只是以"老黄牛"精神一味地苦干，却不注重方法，容易导致工作效率低下，难以达到新时代的新要求。

人做事要看结果，企业生产要看效益，这就是当今社会中要"功劳"不要"苦劳"的结果思维。

需要注意的是，要"功劳"并不是不需要"苦劳"，链接"功劳"与"苦劳"的桥梁是一个方法和效率的问题。方法得当，就会提高效率，那么"苦劳"就会高效地转化为

"功劳";而如果只会一味埋头苦干,不讲求方法,则"苦劳"永远只是"苦劳",难以开花结果成为"功劳"。

福特在创办福特汽车公司后不久,就向一家厂商订购了大批汽车零件。让人疑惑的是,他在严格要求零件品质的同时,也严格规定了装零件的木箱的尺寸、厚度等。这样的要求,不要说厂商,连福特的员工都认为有些过分。

货到了以后,福特又特别叮嘱要小心开箱,不要损坏木板。之后,他拿出一张新办公室的设计图,找人施工,将这些木板用来铺办公室的地板,结果竟然严丝合缝,相差无几!

原来,福特在进货的时候,就考虑好了要将这些平时处理掉的木板用到办公室里,一举两得。这是一种多么可贵的充分利用资源的智慧!

福特被誉为"把美国带到流水线上"的人,他为何能得到这样的赞誉?在某种程度上,正是由于他发明了现代流水线作业的方式,从而大大提高了工作效率。正是福特这种看重效率、看重结果的思维使得福特公司不断成长，最终成为汽车行业的巨头。

高效率是现代企业生存和发展的需要，也是对一个人做事的基本要求。在当今的时代背景下，无论是人，还是企业，要想生存和发展，就必须更有效率，如果付出了努力和辛苦却依然达不到效果，只会在激烈的竞争中被淘汰。

联想集团有个很有名的理念："不重过程重结果，不重苦劳重功劳。"这个理念是写在《联想文化手册》中的核心理念之一。手册中还明确指出，这个理念是联想公司成立半年之后，开始格外强调的。

联想公司为何会强调这一理念？这得从联想刚刚创业时的那段经历说起。

那时候，大家都很有干劲和热情，但是，光有干劲和热情，并不能保证财富的增加与事业的成功。

联想公司的创始人柳传志先生在回顾联想公司的创业史时，沉重地说：公司刚刚成立时只有几十万元，而且还因为轻信别人，被骗走了一大半。这一来，使得公司元气大伤，甚至逼得员工要去卖蔬菜来挽回损失。商场如战场，这时候，容得自己有丝毫的轻率吗？能把自己有善良、热情、好心等品质作为自己受损失的借口吗？不能！一切都只能以对企业的效益是否有利为基准来考虑。就那么一点点的资金，如果没有用好，公司就有可能夭折、破产。这时，只是一味强调繁忙、勤奋、卖命、辛苦等，已经没有太多的意义。

有了这一次教训，联想公司的员工后来做事不仅越来越冷静、踏实，而且特别重视策略、方法。联想公司成立至今已有20多年。20多年中，它从只有几个"下海"知识分子的小公司，变为一家享誉海内外的高科技公司。联想公司之所以能有这样的发展，与其核心理念密切相关。

以往我们经常听到一些人说："没有功劳有苦劳。"但这往往是他们在自己没有将事情做成时的解释和辩解。看看联想公司当初创业时经历的那些艰难，你会对"没有功劳有苦劳"的理念不认可。

没有"功劳"有"苦劳"，对事业不仅不会有所促进，反倒可能损耗财力、物力，带来不必要的浪费。所以，世界上优秀的公司和人才，无不把"功劳"和"苦劳"并重。

　　"功劳"重于"苦劳"的理念其实就是一种结果思维的做事方式。在这种思维的指导下，人就不会再为自己的无所成就去寻找各种各样的借口，因为只有实实在在的成绩才能说明一切。而且，在这种思维的指导下，人会更加注重效率和方法，会去寻找各种提高效率的方法，而这正是创造力的动力和来源之一。